普通应用型院校数据科学与大数据技术专业系列教材

Python

程序设计与数据分析

主 编 ⊙ 唐 静 刘冠男

副主编 ⊙ 王晓燕 桂开叶

中南大学出版社

www.csupress.com.cn

·长沙·

图书在版编目（CIP）数据

Python 程序设计与数据分析／唐静，刘冠男主编.
—长沙：中南大学出版社，2022.8
ISBN 978-7-5487-4917-2

Ⅰ．①P… Ⅱ．①唐… ②刘… Ⅲ．①软件工具—程序
设计 Ⅳ．①TP311.561

中国版本图书馆 CIP 数据核字（2022）第 082794 号

Python 程序设计与数据分析
Python CHENGXU SHEJI YU SHUJU FENXI

唐 静 刘冠男 主编

□ 出 版 人	吴湘华		
□ 责任编辑	韩 雪		
□ 封面设计	李芳丽		
□ 责任印制	唐 曦		
□ 出版发行	中南大学出版社		
	社址：长沙市麓山南路	邮编：410083	
	发行科电话：0731-88876770	传真：0731-88710482	
□ 印 装	长沙印通印刷有限公司		

□ 开 本	787 mm×1092 mm 1/16	□ 印张 15.75	□ 字数 380 千字
□ 版 次	2022 年 8 月第 1 版	□ 印次 2022 年 8 月第 1 次印刷	
□ 书 号	ISBN 978-7-5487-4917-2		
□ 定 价	48.00 元		

普通应用型院校数据科学与大数据技术专业系列教材

编写委员会

主任

谢 泉

副主任

（按姓氏笔画排序）

王 力 刘 杰 刘彦宾 肖迎群

张小梅 夏道勋 高廷红 穆肇南

委 员

（按姓氏笔画排序）

马家君 卢涵宇 田泽安 向程冠

刘宇红 刘运强 何 庆 杨 华

张 利 张著洪 金 贻 秦 学

唐 静 熊伟程

总 序

PREFACE

中国实施大数据战略,加速了发展数字经济、建设数字中国的步伐。习近平总书记指出"大数据是信息化发展的新阶段",并做出了推动大数据技术产业创新发展,构建以数据为关键要素的数字经济,运用大数据提升国家治理现代化水平,运用大数据促进保障和改善民生,切实保障国家数据安全的战略部署,指明了我国大数据的发展方向。"大数据"作为一种概念源于计算领域,之后逐渐延伸到科学和商业领域,并引发商业应用领域对大数据方法的广泛思考与探讨。大数据浪潮汹涌,数据量爆发式增长,各行各业都在体验大数据带来的革命,这绝不仅仅是信息技术领域的革命,更是在全球范围加速企业创新、引领社会变革的利器。

大数据之"大",并不仅仅在于"容量之大",更大的意义在于通过对海量数据的交换、整合和分析,发现新的知识,创造新的价值,带来"大知识""大科技""大利润"和"大发展"。大数据具有海量性、多样性、时效性及可变性等特征,无法在可接受的时间内用传统信息技术和软硬件工具对其进行获取、管理和处理,需要可伸缩的计算体系结构以支持其存储、处理和分析。在大数据背景之下,精通大数据的专业人才将成为大数据领域重要的角色,大数据行业从业人员薪酬持续增长,人才缺口巨大,迫切需要高等院校及时培养大量相关领域的高级人才。

我国教育部为了响应社会发展需要,率先于 2016 年正式开设"数据科学与大数据技术"本科专业及"大数据技术与应用"专科专业。近几年,全国形成了申报与建设大数据相关专业的热潮。随着大数据专业建设的不断深入,相关教材的缺失或不适用成为开设本专业院校面临的一大难题。为了解决这一难题,由中南大学出版社策划,贵州大学、湖南大学、贵州师范大学、贵州师范学院等院校联合编写了"普通应用型院校数据科学与大数据技术专业系列教材"。

本套教材具有如下特点:

(1)参照"数据科学与大数据技术"专业的培养方案,突出专业培养特色,强基础,重实践，兼顾专科院校偏应用的特点，打造出一套适用于本科院校"数据科学与大数据技术"专业和专科院校"大数据技术与应用"专业的教材。

（2）教材内容图文并茂，可读性强，数字化资源配套齐全。本套教材为结合信息技术手段的"互联网+"系列教材，读者通过扫描书中的二维码，即可阅读更丰富、更直观的拓展知识，让学习不再枯燥，将课程相关的学习素材如知识图谱、课后习题解析、拓展知识、小视频等通过信息技术与教材紧密结合。

（3）响应教育部"新工科"研究与实践项目的要求。本套教材增加相关的实验环节，作为知识主线与技术主线把相关课程串接起来，培养学生动手实践的意识和综合利用大数据分析技术与平台的能力。

本套教材吸纳了"数据科学与大数据技术"教育工作者多年的教学、实践经验与科研成果，凝聚了作者们的辛勤劳动。我相信本套教材的出版，将对我国"数据科学与大数据技术"专业教学质量的提高有很好的促进作用，同时，对完善大数据人才培养体系，加强人才储备与梯队建设，推动大数据领域学科建设具有重要意义。

谢 泉

2021 年 7 月

前言
PREFACE

在 IEEE Spectrum 颁布的 2021 年度编程语言排行榜中,Python 以绝对优势牢牢占据榜首,成为继 Java、C 之后,当今 IT 领域最受欢迎的编程语言。Python 近几年迅速走红,其主要原因如下:

首先,Python 简单、优雅、易学。据统计,在众多 Python 学习者中,非 IT 从业者占60%～70%。相比 Java 和 C,Python 的语言结构更简单流畅,程序流程便捷易懂,因此也更适合非计算机专业或零编程基础的人去学习和掌握。

其次,Python 功能强大,并且契合当今时代发展。其本身具备丰富的标准库及第三方库,使其功能涵盖了数据分析、组建集成、图像处理、机器学习、科学计算等众多领域。尤其 Python 在网络爬虫和数据分析方面的优势,是众多学习者学习的主要动因。

最后,现今大数据技术、人工智能在各行各业广泛地应用和深化,使一些非 IT 行业对从业人员在数据挖掘、分析等方面的业务能力有了更高的要求。很多金融、电商等企业在人才招聘时,会优先考虑熟练掌握 Python,并且能进行商业数据采集和分析的应聘者。面对人才市场的巨大需求,也促使我国各个高等院校更加注重 Python 编程的教学和普及。2018 年,教育部将 Python 纳入计算机二级考试范围。另外,很多财经类高校对金融、会计、市场营销、电子商务等专业开设了 Python 基础、Python 数据挖掘与分析等类似课程。

基于以上背景,再结合编者自身的高校教学经验,特编写《Python 程序设计与数据分析》一书。本书具有以下特点:

(1)目标明确,结构清晰。本书主要针对零编程基础或非计算机专业的读者,旨在使读者在掌握 Python 基础概念、语法的基础上,能进一步学习 Python 在数据采集、挖掘、存储、分析等方面的应用。因此本书分为两部分,第一部分是 Python 的基础教学,第二部分是 Python 的数据挖掘与分析。

(2)案例丰富,由易至难。考虑到本书的目标受众,在编写过程中加入了大量的案例和课后习题,并且在结构上反复推敲,使案例的编排有一个难度递进的过程。另外,在示例代

1

码中以注释的形式进行讲解,使读者明其意,晓其理,尽其用。

(3)删繁至简,强调实战。由于读者的知识体系不同,因此本书主要涉及 Python 与数据分析相关的知识点及操作,对数据采集(爬虫)、分析(numpy 和 pandas)等与工作生活密切联系的内容详细讲解,并且选择的案例紧贴工作实践。

基于以上内容,本书的结构框架分为三部分。第一部分:Python 的基础应用(第 1 章至第 3 章,主要内容有 Python 的数据类型、基本语句和常用的内置函数应用)。第二部分:Python 的高级应用(第 4 章至第 6 章,主要讲解 Python 函数的创建、面向对象和类、模块以及模块的安装)。第三部分:Python 的实战应用(第 7 章至第 10 章,此部分为本书的重点内容,主要讲解如何用 Python 的第三方库来进行数据的挖掘、采集、分析)。

本书参与编写人员均在高校从事 Python 编程教学工作,经验丰富,所编写的内容尽可能做到通俗易懂,以便初学者学习。但编写过程难免出现错误,还望广大读者朋友们多多指教。

编者

2022 年 5 月

目 录

CONTENTS

第 1 章

Python 程序设计简介

本章主要介绍计算机的基本组成、程序设计语言、面向过程编程与面向对象编程以及 Python 程序设计语言的基本介绍。Python 是一种面向对象的、解释型、开源免费的计算机程序设计语言。本章将重点介绍如何搭建 Python 开发环境,并给出了一个 Python 程序编写、运行和调试的完整范例。

1.1 什么是程序设计

程序设计是指使用程序设计语言编写程序,指导计算机完成各种任务。在程序设计语言的学习中,基本概念均是相通的。程序设计过程包括分析、设计、编码、测试、排错等不同阶段。

在学习程序设计之前,首先要了解运行程序的硬件,即计算机。首先,我们需要知道程序处理的对象,如数据、文件、数据包等跟哪些硬件有关;其次,需要了解程序设计语言的基本概念,了解了基本概念后,就可以开始学习 Python 程序设计了。

1.2 计算机组成简介

计算机俗称电脑,是一种用于高速计算的电子计算机器,它既可以进行数值计算,又可以进行逻辑计算,还具有存储记忆功能。

1946 年,科学家冯·诺依曼提出存储程序原理,把程序本身当作数据来对待,程序和程序处理的数据用同样的方式存储,并确定了存储程序计算机的五大组成部分和基本工作方法。人们把冯·诺依曼的这个理论称为冯·诺依曼体系结构(图 1-1),当前最先进的计算机采用的都是冯·诺依曼体系结构。

冯·诺依曼体系结构指出计算机由五个主要部分组成,分别是运算器、控制器、存储器、输入设备、输出设备。

1

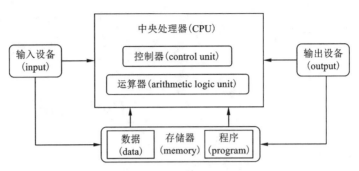

图 1-1　计算机主要组成部分

1.2.1　中央处理器(CPU)

中央处理器(CPU),是计算机中负责读取指令,对指令译码并执行指令的核心部件。中央处理器主要包括两个部分:控制器和运算器。另外,还包括高速缓冲存储器以及实现它们之间联系的数据、控制及状态的总线。

1.2.2　内存(memory)与硬盘(harddisk)

内存是计算机中重要的部件之一,用于暂时存放 CPU 中的运算数据,以及与硬盘等外部存储器交换的数据。计算机中所有程序的执行都是在内存中进行的,因此内存的性能对计算机的影响非常大。内存是易失性存储器,断电后内存中的数据就没有了。内存条容量通常有 4 GB、8 GB、16 GB、32 GB。

硬盘是非易失性储存器,断电后里面的数据也不会丢失。硬盘的存储容量非常大,当前常见的机械硬盘单盘容量为 1 TB 或更大,固态硬盘为 240 GB 或更大。需要长期存储的数据是以文件的形式保存在硬盘上的。

计算机中包含较多的硬件,但是一个程序要运行,必备三个核心的硬件,分别是中央处理器、内存与硬盘,如图 1-2 所示。

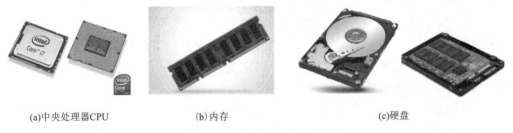

(a)中央处理器CPU　　　　　　　(b)内存　　　　　　　　　　(c)硬盘

图 1-2　计算机三个核心硬件

1.2.3　输入输出设备

输入设备是向计算机输入数据和信息的设备,是计算机与用户或其他设备通信的桥梁,是用户和计算机系统之间进行信息交换的主要设备之一。输入设备的任务是把数据、指令及某些标志信息等输送到计算机中去。常见的输入设备有键盘、鼠标、摄像头、扫描仪、手写输入板、语音输入装置等。

输出设备是把计算结果以人能识别的各种形式,如数字、符号、字母等表示出来。常见的输出设备有显示器、打印机、绘图仪、影像输出系统、语音输出装置等。输入输出设备起着连接人和计算机、设备和计算机、计算机和计算机的作用。

1.3　程序设计语言

程序设计语言是用于编写计算机程序的语言。根据抽象程度的高低,程序设计语言由低到高分别为机器语言、汇编语言、高级语言。

1.3.1　机器语言

计算机硬件的本质是一块电路板,电路只能理解“0”和“1”的电信号。最早的计算机实际上是通过手动改变电路和接线来编程的,这种指导计算机完成特定任务的方式对程序员来说效率极其低下。由于这种由“0”和“1”组成的“语言”无须翻译就能让机器直接识别并执行,所以被称为“机器语言”。从程序员的角度来看,机器语言是离人类思维方式最远、离机器思维方式最近、抽象程度最低的语言,所以又被称为低级语言。机器语言编程效率极低,基本被淘汰了。

1.3.2　汇编语言

在机器语言的基础上,为了方便编写、阅读和维护程序,人们使用一些容易理解和记忆的字母、单词(助记符)来代替一个特定的机器指令,比如用“ADD”代表加、“MOV”代表数据传递等,这就形成了汇编语言,即第二代计算机语言。用汇编语言编写的程序,需要用一个翻译程序(汇编器)把这些容易被人理解的语句翻译成机器能理解并执行的指令。

1.3.3　高级语言

高级语言相对于机器语言和汇编语言,抽象程度更高,与人类思维方式更接近,更容易编写、阅读与维护;高级语言与 CPU 的具体构架和指令集无关,移植性好;其语法和结构类似于普通英文,学习和使用更加容易。C、C++语言是高级语言的典型代表。

高级语言通过编译器编译成为与硬件相关的汇编语言,然后由汇编器转换为计算硬件能够直接运行的机器指令。

根据编译时刻的不同,高级语言可以分为编译型语言和解释型语言。编译型语言在执行前把所有的源代码通过编译器一次性编译为机器语言,后续执行时无须重新编译。编译型语言有 C、C++、Object/Pascal 等。编译型语言执行效率比较高,但移植性比较差,切换程序运行平台时需要重新编译全部源代码。

解释型语言不用预先把所有源代码直接翻译成机器语言,而是在运行的过程中,由解释器逐条读取语句,逐条解释运行。解释型语言有 Python、JavaScript 等。与编译型语言相比,解释型语言执行效率略低,但跨平台性好,同样的程序可以在不同平台上直接解释运行。

编译型语言与解释型语言各有特点。前者由于程序执行速度快,同等条件下对系统要求较低,常用于开发操作系统、大型应用程序、数据库系统等。后者由于平台兼容性好,常用于编写网页脚本、服务器脚本等。

1.4　面向过程编程与面向对象编程

常见的两种编程思想是面向过程编程和面向对象编程。

面向过程编程(procedure oriented programming)是一种聚焦解决问题的过程的编程思想。拿到一个问题后,首先分析解决问题所需要的步骤,然后用函数把这些步骤一步一步实现。以面向过程编程的视角来看,程序=算法+数据结构。

面向对象编程(object oriented programming)是一种聚焦对象及对象之间的相互作用的编程思想。对象包含属性和方法,对象之间可以通过消息机制传递信息相互作用。拿到一个问题后,首先分析这个问题可以抽象为哪几类对象,然后通过对象之间的相互作用达成目标。以面向对象编程的视角来看,程序=对象+相互作用。

1.5　Python 程序设计语言简介

Python 是一种面向对象的、解释型、开源免费的计算机程序设计语言,在人工智能、大数据、科学计算、金融、Web 开发、系统运维等领域,有数量庞大且功能相对完善的标准库和第三方库,通过对库的调用,能够快速实现不同领域业务的应用开发。

正是由于人工智能和大数据领域的相关库或框架都是用 Python 开发的,所以 Python 已经成为事实上的人工智能和大数据行业的开发语言。

Python 的设计哲学是优雅(beautiful)、明确(explicit)和简单(simple)。正是在这种设计哲学的指导下,Python 编写代码具有代码量小、维护成本低、编程效率高、简单、易读易懂等优点。

1.6　Python 开发环境的安装与应用

Python 编程语言必须在一定的开发环境下才能使用,但其开发环境根据其本身的性能和使用者的目的,可以划分很多种类,因此本节内容着重讲解 Python 开发环境的安装与应用。

1.6.1　开发环境概述

开发环境,即集成开发环境(integrated development environment,IDE)是用于提供程序开发环境的应用程序,一般包括代码编辑器、编译器、调试器和图形用户界面工具,是集成了代码编写功能、分析功能、编译功能、调试功能等一体化的开发软件服务套(组)。所有具备这一特性的软件或者软件套(组)都可以叫集成开发环境。如微软的 Visual Studio 系列,Borland 的 C++ Builder、Delphi 系列等。该程序可以独立运行,也可以和其他程序并用。

简单来说,如果将编程语言比喻成书法,开发环境则相当于练书法所要的纸张。所以开发环境为编程语言的编辑实现提供了平台和服务。

1.6.2　Python 开发环境简介

随着 Python 在众多编程语言中的热度持续上涨,很多软件开发企业也在加大 Python 编辑平台的研究。目前 Python 的主流开发环境有 IDLE、PyCharm、Anacanda 三种(图 1-3),后续将简单介绍这三种开发环境的基本内容。

IDLE开发环境　　　　　PyCharm开发环境　　　　Anaconda开发环境

图 1-3　Python 常见开发环境

1. IDLE 开发环境

IDLE 是 Python 程序自带的开发环境,具备开发环境最基本的功能,是非商业 Python 开发的不错选择。当安装好 Python 以后,IDLE 会自动安装,不需要另外安装。其基本功能有语法高亮、段落缩进、基本文本编辑、Tab 键控制、调试程序。

成功安装 Python 后,就可以运行 IDLE 了,具体方法如下:点击“开始”—“Python 程序”—“IDLE”,如图 1-4 所示。

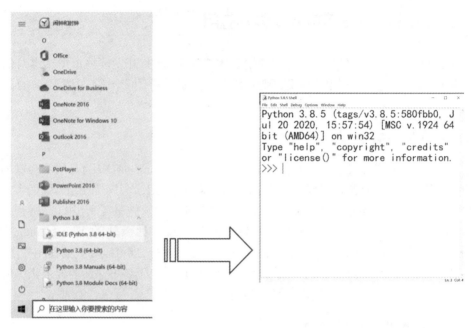

图 1-4　运行 IDLE

2. PyCharm 开发环境

PyCharm 是带有一整套可能帮助用户提升 Python 使用效率的开发环境,功能齐全。同时还是一种开源的开发环境,可以在官网 (PyCharm: the Python IDE for Professional Developers by JetBrains)下载安装,如图 1-5 所示。

图 1-5　PyCharm 官网首页

PyCharm 作为专业的开发环境,具有如下特点:

(1)PyCharm 拥有一般 IDE 具备的功能,比如调试、语法高亮、项目管理、代码跳转、智能提示、自动完成、单元测试、版本控制等。另外,PyCharm 还提供了一些功能用于 Django[①]和专业的 Web 开发[②]。

(2)相对于 Python 自带的 IDLE,PyCharm 在安装第三方库时会方便很多,只需在解释器上搜索第三方包的名字即可安装。

3. Anaconda 开发环境

Anaconda 开发环境是一个基于 Python 的数据处理和科学计算而开发的编程平台。它与前两者的不同之处是 Anaconda 包含了 Conda、Python 在内的超过 180 个科学包及其依靠项。所谓的 Conda,是开源包(packages)和虚拟环境(environment)的管理系统,这使 Anaconda 具有丰富的第三方包,而不用像 PyCharm 需要临时安装。

前面我们将编程语言和开发环境之间的关系比喻成书法和纸张的关系,而 Anaconda 则相当于不仅给练习者提供了纸张,还将笔、墨、砚台等所有工具环境都准备好了,以备练习者使用。

综上所述,IDLE、PyCharm 和 Anaconda 作为 Python 的主流开发环境,都各有特点且互有长短。为方便使用者选择适合自己的开发环境,本书根据三者的优劣以及使用者自身情况和学习目的,在表 1-1 中提供部分参考和建议。

表 1-1　常用 Python 开发环境

开发环境	优点	缺点	适合的使用者
IDLE	Python 自带且官方认定的开发环境,界面简洁,性能稳定,操作简单	功能较少且单一,需在虚拟环境中安装第三方包,且容易失败	编程零基础,或者电脑配置较低,存储空间不足的使用者
PyCharm	功能齐全,性能稳定,安装第三方包比较方便且成功率高	操作比较复杂,运行时会占用较大内存	专业的编程人员,偏向面向对象等方面的使用者
Anaconda	具备丰富的第三方包,并且能对其管理	稳定性较 PyCharm 略差	编程水平处于初级、中级,或者偏向数据分析的使用者

由于本教材侧重的是数据分析,因此下文将着重介绍 Anaconda 的安装及使用。

---

① Django 是一个开放源代码的 Web 应用框架,由 Python 编写。

② PyCharm 在 Web 领域的应用在第 7 章会详细说明。

1.6.3 Anaconda 开发环境的安装

为保证 Anaconda 的顺利安装,在安装之前,使用者应首先在电脑属性中确认电脑的系统和型号,如图 1-6 所示为 Windows 64 位操作系统。

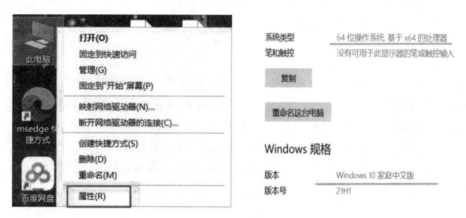

图 1-6 查看电脑配置属性

本书以 Windows 64 位操作系统为例,详细讲解 Anaconda 的安装过程。

步骤 1:进入 Anaconda 官方网站 https://www.anaconda.com/,如图 1-7 左图所示。

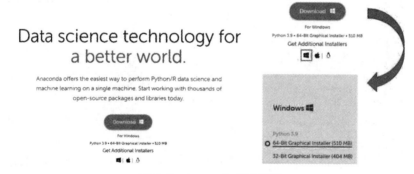

图 1-7 Anaconda 官方下载

步骤 2:点击图 1-7 下方的 Windows 图标,进入下载页面,并选择"64-Bit Graphical Installer(510 MB)",随后开始下载安装程序,如图 1-7 所示。

步骤 3:下载完成后,双击安装程序,并按照其提示进行安装,具体如图 1-8 所示。

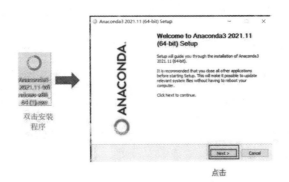

图 1-8 安装步骤 3

步骤 4：进入如图 1-9 所示界面，点击"I Agree"。

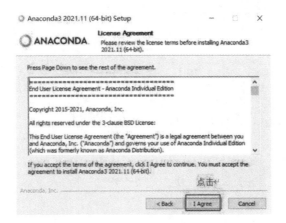

图 1-9 安装步骤 4

步骤 5：进入如图 1-10 所示界面，点击"Next"。

图 1-10 安装步骤 5

步骤 6：进入如图 1-11 所示界面，选择合适的安装路径（建议选 C 盘），点击"Next"。

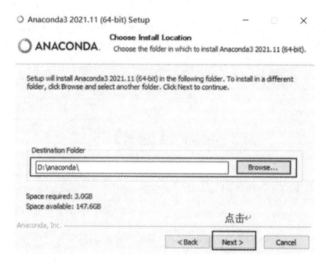

图 1-11　安装步骤 6

步骤 7：进入如图 1-12 所示界面，点击"Install"。

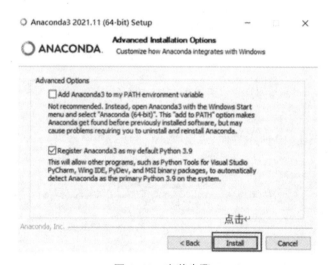

图 1-12　安装步骤 7

步骤 8：进入如图 1-13 所示界面，等待安装完成。

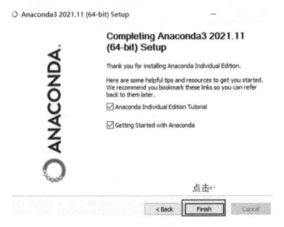

图 1-13　安装步骤 8

步骤 9：点击"Finish"完成安装，如图 1-14 所示。

图 1-14　安装步骤 9

以上是 Anaconda 的安装步骤，安装完成后还可以测试一下是否安装成功，具体步骤如下。

步骤 1：在键盘上按下"Win"＋"R"键，打开"运行"对话框，输入"cmd"，如图 1-15 所示。

步骤 2：在弹出的运行界面中输入"conda－－version"，点击"回车"。如果弹出 Anaconda 的运行版本，则说明安装成功，如图 1-16 所示。

图 1-15　安装测试 1

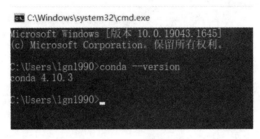

图 1-16　安装测试 2

1.6.4　Anaconda 开发环境的运行

了解完 Anaconda 的安装过程后,可以尝试运行,具体步骤如下。

步骤 1:点击"开始"—"Anaconda3"—"Jupyter Notebook(anaconda)",如图 1-17 所示。

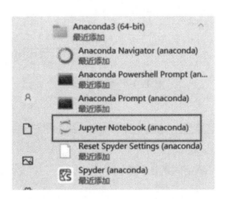

图 1-17　启动 Jupyter Notebook

步骤 2：点击完成后进入本机电脑的默认浏览器页面，然后在此页面中点击右侧的"New"（新建）—"Folder"（文件夹），完成后就可以在下面看到"Untitle Folder"（未命名的文件），如图 1-18 所示。

步骤 3：勾选"Untitle Folder"，并点击左上角的"Rename"（重命名），如图 1-19 所示。

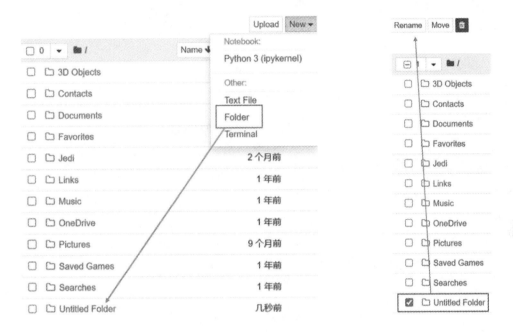

图 1-18　新建文件夹　　　　　　　　　　　图 1-19　重命名文件夹 1

步骤 4：在弹出的对话框中可以对刚才新建的文件夹重命名，此处命名为"Python 基础与数据分析"，然后点击"重命名"，如图 1-20 所示。

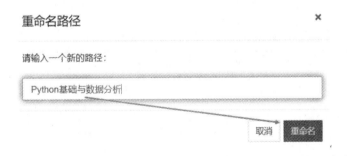

图 1-20　重命名文件夹 2

步骤5：双击已经重命名的文件夹"Python 基础与数据分析"，进入文件夹页面后，创建一个 Python 模块笔记。点击右侧的"New"—"Python 3"，如图 1-21 所示。

图 1-21 创建一个 Python 模块笔记

步骤6：在新页面下面的方框内可输入代码，如输入"print("hello world")"，然后点击上面的"运行"，即可输出结果，如图 1-22 所示。

图 1-22 输入第一个代码块

以上是 Anaconda 开发环境的启动和运行过程，其菜单栏中有很多图标按钮用来辅助使用者进行编程，表 1-2 中展示了各个图标所代表的操作。

表 1-2 Jupyter Notebook 常见图标功能

图标	含义	图标	含义
💾	保存	↑	上移选中的代码块
✚	在下面添加代码块	▶	运行程序
✂	剪切	■	停止运行

续表1-2

图标	含义	图标	含义
复制	复制	重启内核	重启内核
粘贴	粘贴	重新运行整个代码	重新运行整个代码

1.7 复习题

（1）请在自己的电脑上搭建 Python 开发环境：安装 Anaconda 开发环境。

（2）课后了解：学好 Python 对本专业今后的学习工作有什么益处？

第2章

Python 语言基础

本章主要介绍 Python 的相关概念、常用的基本数据类型、运算符及其优先级关系。

2.1 相关概念概述

本小节首先介绍 Python 语句书写规则,包括缩进、注释;其次讲解标识符、关键字;最后详细介绍变量的基本使用,包括变量的定义、命名规则、类型、输入和输出等。

2.1.1 Python 语句书写规则

Python 语句书写规则中,最重要的是所有标点符号必须在英文状态下进行输入,另外还具有以下两个特点。

2.1.1.1 缩进

Python 采用代码缩进和冒号":"区分代码之间的层次。同一个级别的代码块的缩进量必须相同,如果代码缩进不合理,将输出 invalid syntax 异常。

```
for i in range(10):
    print(i,end=' ')          #输出为:0 1 2 3 4 5 6 7 8 9
```

2.1.1.2 注释

为了增强程序的可读性,在程序中对某些代码进行的标注说明称为注释。Python 中的注释分为单行注释和多行注释。

1. 单行注释

以"#"开头,"#"右边的内容都被当作说明文字,会被解释器忽略掉。需要注意的是,为了保证代码的可读性,注释和代码之间至少要有两个空格。选中文字后,使用"Crtl+/"快捷键可快速将基本文字转换为注释文字(即文字前追加"#")。

```
a+b                          #将 a 和 b 的值相加
```

2. 多行注释

如果编写的注释信息较多,一行无法显示,就可以使用多行注释。Python 中可以用一对连续的三个英文引号(单引号和双引号都可以)来进行多行注释,如下:

```
'''
该程序主要实现冒泡算法
利用冒泡算法,可以对用户给定的任一组数字完成排序
'''
```

3. 注释的使用

(1)注释不是越多越好,对于一目了然的代码,不需要添加注释。

(2)对于复杂的操作,应该在操作开始前写上若干行注释。

(3)对于不是一目了然的代码,应在其行尾添加注释。

2.1.2 标识符

标识符,即程序员定义的变量名、函数名等。标识符定义需满足以下条件:

(1)可以由字母、数字以及下划线组成。

(2)不能以数字开头。

(3)不能与内置关键字重名。

(4)区分大小写。

2.1.3 关键字

关键字就是在 Python 内部已经使用的标识符。开发者不允许定义和关键字相同名字的标识符,表 2-1 为基于 Python 3.8 版本的关键字,共计 35 个。

表 2-1　Python 关键字

False	assert	continue	except	if	nonlocal	return
None	async	def	finally	import	not	try
True	await	del	for	in	or	while
and	break	elif	from	is	pass	with
as	class	else	global	lambda	raise	yield

2.1.4 变量

2.1.4.1 变量的定义

在 Python 中,每个变量在使用前都必须赋值,变量赋值后才会被创建。

```
<变量名> = <值>
```
其中,等号表示赋值,等号左边是变量名,等号右边是值,如下所示:

```
a=2
print(a)                          #输出为: 2
```

与许多编程语言不同,Python 语言允许同时对多个变量赋值,如下所示:

```
x,y=1,2
a=b=3
print(y,b)                        #输出为: 2 3
```

2.1.4.2　变量的命名规则

命名规则被视为一种惯例,并非强制要求,满足标识符的基本命名规则即可。本书主要采用小驼峰命名法,它要求第一个单词以小写字母开始,后续单词的首字母大写,如下所示:

```
firstName                         lastName
```

2.1.4.3　变量的类型

在内存中创建一个变量时包括变量的名称、变量保存的数据、变量存储的数据类型、变量的地址等内容。其中,数据类型可以分为数字型和非数字型。数字型包括整型、浮点型、布尔型等;非数字型包括字符串、列表、元组、字典等。在很多高级语言中都需要指定变量类型,但在 Python 中不需要。

使用 type 函数可以查看一个变量的类型,如:

```
type(' hello world' )             #输出为: str
```

2.1.4.4　变量的输入输出

1. 变量的输入

在 Python 中可以使用 input 函数进行输入,使用 input 函数输入的任何内容默认数据类型为字符型数据,如下所示:

```
a=input("请输入 a 的值: ")
请输入 a 的值: 12.34
type(a)                           #输出为: str
```

如果想要得到其他类型的数据,需用特殊函数进行转换,本章第 2.2 小节会详细介绍。

2. 变量的格式化输出

在 Python 中可以使用 print 函数将信息输出到控制台。如果希望输出文字信息的同时一起输出数据,就需要使用格式化字符。表 2-2 列出了一些常用的格式化字符。

表 2-2 常用的格式化输出字符及含义

格式化字符	含义
%s	字符串
%d	有符号十进制整数,%08d 表示输出的整数显示位数为 8 位,不足的地方用 0 补全
%f	浮点数,%.3f 表示小数点后只显示三位
%%	输出%

```
name=' Lily'
print("我的名字叫%s, 请多多关照! " % name)
#输出为: 我的名字叫 Lily, 请多多关照!
studentNum=1
print("我的学号是 202206%02d" % studentNum)
#输出为: 我的学号是 20220601
```

2.2 基本数据类型

Python 中的数据类型可以分为数字型和非数字型,下面将对这两种类型进行详细介绍。

2.2.1 数字型

在 Python 中,数字型主要包括整型、浮点型、布尔型和复数型。

2.2.1.1 整型(int)

整型就是没有小数部分的数,分为正整数、0 和负整数。Python 提供了 int 用于表示现实世界中的整型数据,例如 0、10、-10 等都是整型数据。

2.2.1.2 浮点型(float)

浮点型就是包含小数点的数,例如 0.5、3.14、-3.1、2e-5 等都是浮点型数据。需要注意的是,整型除以整型的结果是浮点型,如果需要得到整型,需要采用整除的方式,如下所示:

```
print(3//1, type(3//1))        # "//" 代表整除,输出为: 3 <class ' int' >
print(3/1, type(3/1))          #输出为: 3.0 <class ' float' >
```

2.2.1.3 布尔型(bool)

布尔型数据有两种,即 True 和 False,其中首字母必须大写。基本数据转换为布尔型数据时须遵循"非零即真,非空即真"的运算法则,具体示例如下所示:

```
a＝bool(0)
print(a)                           #输出为: False
b＝bool(1)
print(b)                           #输出为: True
c＝ bool([])
print(c)                           #输出为: False
e＝ bool([1,2])
print(e)                           #输出为: True
```

2.2.1.4 复数型(complex)

Python 中的复数由两部分组成:实部和虚部。例如 3+3j、5-0.9j 都是复数,如果想要取出复数的实部和虚部可以用 real 和 imag,如下所示:

```
a＝complex(2,5)
print(a)                           #输出为: (2+5j)
print(a.real)                      #输出为: 2.0
print(a.imag)                      #输出为: 5.0
```

2.2.2 非数字型

Python 中的非数字型变量一般具有以下特点:都是一个序列(sequence),也可以理解为容器;可以进行连接、重复、索引和切片操作;可以计算长度、求最大/最小值,还可以进行比较和删除等操作。

2.2.2.1 字符串

字符串(string)就是一串字符,是编程语言中表示文本的数据类型。在 Python 中可以使用一对双引号或者一对单引号定义一个字符串。

字符串中的字符可以包含数字、字母以及特殊符号等,如'123''abc''＊ab''\n''\t'等都是字符串。下面来介绍字符串的基础操作。

1. 连接和复制操作

Python 中可以使用"+"来连接两个字符串,使用"＊"来复制字符串,如下所示:

```
w='a'+'_123_'+'c'
print(w)                           #输出为: a_123_c
y=' ab' * 3
print(y)                           #输出为: ababab
```

2. 序列的索引和切片操作

序列表示可以通过索引下标访问的可迭代对象. 用户可以通过整数下标访问序列 s 的元素. s[i] 即表示访问序列 s 在索引 i 处的元素. 序列' Python' 的索引下标示意图如图 2-1 所示。

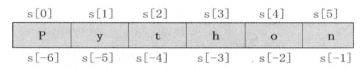

图 2-1　序列' **Python**' 的索引下标

索引下标从 0 开始, 第一个元素为 s[0], 第 2 个元素为 s[1], 以此类推, 最后一个元素为 s[len(s)-1] 或 s[-1]。

如果索引下标越界, 则导致 IndexError; 如果索引下标不是整数, 则导致 TypeError。例如:

```
s=' Python'
print(s[1])                    #输出:' y'
print(s[6])                    #IndexError: string index out of range
print(s[' a' ])               #TypeError: string indices must be integers
```

要获取字符串中的一段字符串, 可以使用 "切片" 操作。切片的基本表达形式为 s[i:j[:k]], 其中:i 为序列开始的下标;j 为序列结束的下标;k 为步长。如果省略 i, 则从下标 0 开始;如果省略 j, 则直到序列结束为止;[:k] 代表可省略部分, 如果省略, 则步长为 1。其中[i:j]是一个左闭右开区间, 即包含 i 但不包含 j。

```
d=' Python'
e=' PythonPython'
#获取字符串的第 2、第 3 个元素, 输出为: yt
print(d[1:3])
#获取字符串的第 2 个元素到最后, 输出为: ython
print(d[1:])
#以步长为 2, 获取字符串的第 2~7 个元素, 输出为: yhn
print(e[1:7:2])
```

3. 字符串的其他常见操作

有关字符串的基本操作可以参照表 2-3 练习。

表 2-3　字符串的其他常见操作

序号	分类	关键字/函数/方法	说明
1	统计	len(string)	返回字符串长度
		string. count (str)	统计 str 在 string 中出现的次数
2	查找和替换	string. startswith(.str)	检查字符串是否以 str 开头,是则返回 True
		string. endswith(str)	检查字符串是否以 str 结束,是则返回 True
		string. find(str, start = 0, end = len(string))	检查 str 是否包含在 string 中,如果指定范围 start 和 end,则检查 str 是否包含在指定范围内,如果是,返回开始的索引值,否则返回 −1
		string. rfind(str, start = 0, end = len(string))	类似于 find(),不过是从右边开始查找
		string. index (str, start = 0, end = len(string))	跟 find( ) 方法类似,如果 str 不包含在 string 中会报错
		string. rindex (str, start = 0, end = len(string))	类似于 index(),不过是从右边开始
		string. replace (oldStr, newStr, num)	把 string 中的 oldStr 替换成 newStr,如果指定 num,则替换次数不超过 num
3	去除空白字符	string. lstrip( )	截掉 string 左边(开始)的空白字符
		string. rstrip( )	截掉 string 右边(末尾)的空白字符
		string. strip( )	截掉 string 左右两边的空白字符
4	大小写转换	string. lower( )	转换 string 中所有大写字母为小写
		string. upper( )	转换 string 中所有小写字母为大写

4. 转换为非字符型数据

前面提到使用 input 函数输入的任何内容的默认数据类型为字符型数据,但字符型数据在运算中往往有很多限制,此时就需要将字符型数据转换为其他的基本数据类型,常见的转换函数有以下几种。

（1）int( )。

作用:将字符串转换成一个整数,如下所示:

```
a=int(input("请输入 a 的值: "))
请输入 a 的值: 12
type(a)                          #输出为: int
```

（2）float（ ）。

作用：将字符串转换成浮点数，如下所示：

```
a=float(input("请输入 a 的值: "))
请输入 a 的值:67
type(a)                              #输出为: float
```

（3）eval（ ）。

作用：当 eval 函数接收一个字符串参数时，如果字符串是表达式，可以返回表达式的值；如果字符串是整型或者浮点型，输出结果仍然是整型或者浮点型；如果字符串是列表、元组或字典，输出结果仍然是列表、元组或字典，如下所示：

```
a=eval(input("请输入 a 的值: "))
请输入 a 的值:[1,2,3]
type(a)                              #输出为: list
```

2.2.2.2　列表

列表（list）是 Python 中使用最频繁的数据类型，在其他语言中通常叫作数组，它专门用于存储一串信息。

1. 创建列表

一般采用一对中括号来创建列表，具体示例如下：

```
a=[]                                 #创建一个空列表
print(a)                             #输出为: []
b=[1,2,3]                            #创建一个包含相同数据类型的列表
print(b)                             #输出为: [1, 2, 3]
c=[' a',1,' q',[1,' d' ]]            #创建有不同数据类型的列表
print(c)                             #输出为: [' a', 1, ' q', [1, ' d' ]]
```

2. 列表的常见操作

列表的连接、重复、索引和切片可以参照字符串中的相关讲解进行练习，其他常见操作可以参照表 2-4 进行练习。

表 2-4　列表常见操作

序号	分类	关键字/函数/方法	说明
1	增加	列表 . insert（索引,数据）	在指定索引位置插入数据
		列表 . append（数据）	在末尾追加数据
		列表 . extend（列表 1）	将列表 1 追加到列表
2	修改	列表［索引］=数据	修改指定索引的数据

续表2-4

序号	分类	关键字/函数/方法	说明
3	删除	del 列表[索引]	删除指定索引的数据
		列表.remove[数据]	删除第一个出现的指定数据
		列表.pop()	删除末尾数据
		列表.pop(索引)	删除指定索引数据
		列表.clear()	清空列表
4	排序	列表.sort()	升序排序
		列表.sort(reverse=True)	降序排序
		列表.reverse()	逆序、反转

2.2.2.3　元组

元组(tuple)与列表类似,表示由多个元素组成的序列,不同之处在于元组的元素不能修改。

1. 创建元组

一般采用一对小括号来创建元组,具体示例如下:

```
a=()
print(a)                    #输出为: ()
b=(1,2,3)
print(b)                    #输出为: (1, 2, 3)
```

需要注意的是,如果元组只有一个元素,则这个元素后面必须要有逗号,否则 Python 解释器会将它视为字符串。

```
t1=(1)
print(t1,type(t1))          #输出为: 1 <class ' int' >
t2=(1,)
print(t2,type(t2))          #输出为: (1,) <class ' tuple' >
```

2. 元组的基本操作

元组的基本操作包括访问元组、修改元组、计算元组长度等,这些关键字/函数/方法在前面已经详细介绍过,可参照相关内容进行练习。

2.2.2.4　字典

字典(dictionary)使用键值对存储数据,键值对之间使用","分隔。键(key)是索引,值(value)是数据,键和值之间使用":"分隔;键必须是唯一的,且只能使用字符串、数字或元

组,值可以取任何数据类型。

字典中的元素没有特殊的顺序,因此不能使用索引来查找其成员,只能通过键(key)来访问对应的值(value)。

1. 创建字典

一般采用一对大括号来创建字典,具体示例如下:

```
a = {}
print(a)                      #输出为: {}
chengji = {' Python' :90,' 高数' :87,' 英语' :78}
print(chengji)               #输出为: {' Python': 90, ' 高数': 87, ' 英语': 78}
```

2. 字典的常见操作

有关字典的常见操作参照表 2-5 进行练习。

表 2-5　字典的常见操作

序号	分类	关键字/函数/方法	说明
1	获取字典中的值	字典[key]	可以从字典中取值,key 不存在会报错
		字典. get(key)	可以从字典中取值,key 不存在不会报错
2	删除	del 字典[key]	删除指定键值对,key 不存在会报错
		字典. pop(key)	删除指定键值对,key 不存在会报错
		字典. popitem( )	随机删除一个键值对
		字典. clear( )	清空字典
3	更新成员	字典[key] = value	如果 key 存在,修改数据;如果 key 不存在,新建键值对
		字典. setdefault(key,value)	如果 key 存在,不会修改数据;如果 key 不存在,新建键值对
		字典. update(字典 1)	将字典 1 合并到字典
4	生成(键/值/键值对)列表	字典. keys( )	返回一个列表,里面包含字典的所有键
		字典. values( )	返回一个列表,里面包含字典的所有值
		字典. items( )	返回一个列表,里面包含所有的键和值(准确地说 items 返回的并不是一个 list 类型,只是类似 list)

2.2.2.5　集合

Python 中的集合(set)与数学中的集合概念类似,主要用于保存不重复的元素。

1. 创建集合

一般采用一对大括号来创建集合,但创建空集合必须使用 set,具体示例如下:

```
a=set()
print(a)                        #输出为: set()
b={1,2,' a' }
print(b)                        #输出为: {1, 2, ' a' }
c=set([1,2,3])
print(c)                        #输出为: {1,2,3}
```

2. 添加和删除成员

在集合中添加成员可以使用 add 方法,删除成员可以使用 remove 方法,具体操作可参照前面讲过的知识点。

3. 基本操作

Python 中集合的基本操作包括交集、并集和差集,如下所示:

```
h1={1,2,4,6}
h2={3,4,6,8}
print(h1&h2)                    #两个集合的交集,输出为: {4, 6}
print(h1|h2)                    #两个集合的并集,输出为: {1, 2, 3, 4, 6, 8}
print(h1-h2)                    #两个集合的差集,输出为: {1, 2}
```

4. 列表、元组与集合的相互转化

```
d=tuple([1,' a' ,2,' b' ])
print(d)                        #列表转化为元组,输出为: (1, ' a' , 2, ' b' )
c=set([1,2,3])
print(c)                        #列表转化为集合,输出为: {1,2,3}
e=list((1, ' a' , 2, ' b' ))
print(e)                        #元组转化为列表,输出为: [1, ' a' , 2, ' b' ]
f=set((1,2,3))
print(f)                        #元组转化为集合,输出为: {1,2,3}
p=list({1,2,3})
print(p)                        #集合转化为列表,输出为: [1,2,3]
q=tuple({1,2,3})
print(q)                        #集合转化为元组,输出为: (1,2,3)
```

2.3 运算符

Python 的运算符主要包括算术运算符、赋值运算符、比较(关系)运算符、逻辑运算符等,下面将对以上内容进行详细介绍。

2.3.1 算术运算符

算术运算符是完成基本算术运算的符号,用来处理四则运算,如表 2-6 所示。

表 2-6 常用的算术运算符

运算符	描述	实例
+	加	1+2=3
-	减	2-1=1
*	乘	2*3=6
/	除	8/2=4
%	取余数	返回两数相除的余数,7%3=1
**	幂	又称次方、乘方,2**3=8
//	取整除	返回两数相除的整数部分,9//2=4

2.3.2 赋值运算符

进行算术运算时,为了简化代码的编写,Python 还提供了一系列与算术运算符对应的赋值运算符,如表 2-7 所示。需要注意的是,赋值运算符中间不能使用空格。

表 2-7 常用的赋值运算符

运算符	描述	实例
=	赋值运算符	$z=x+y$,将 $x+y$ 的运算结果赋值给 z
+=	加赋值运算符	$x+=y$ 等效于 $x=x+y$
-=	减赋值运算符	$x-=y$ 等效于 $x=x-y$
*=	乘法赋值运算符	$x*=y$ 等效于 $x=x*y$
/=	除法赋值运算符	$x/=y$ 等效于 $x=x/y$
%=	取余数赋值运算符	$x\%=y$ 等效于 $x=x\%y$
**=	幂赋值运算符	$x**=y$ 等效于 $x=x**y$
//=	取整数赋值运算符	$x//=y$ 等效于 $x=x//y$

2.3.3 比较(关系)运算符

比较(关系)运算符用于对变量或表达式的结果进行大小比较,如果比较结果为真,返回 True,如果为假,则返回 False,如表 2-8 所示。

表 2-8　常用的比较(关系)运算符

运算符	描述
==	检查两个操作数的值是否相等,如果是,则条件成立,返回 True
!=	检查两个操作数的值是否不相等,如果是,则条件成立,返回 True
>	检查左操作数的值是否大于右操作数的值,如果是,则条件成立,返回 True
<	检查左操作数的值是否小于右操作数的值,如果是,则条件成立,返回 True
>=	检查左操作数的值是否大于或等于右操作数的值,如果是,则条件成立,返回 True
<=	检查左操作数的值是否小于或等于右操作数的值,如果是,则条件成立,返回 True

注意:等号的位置不要写错,"! ="不能写成"= !"。

2.3.4　逻辑运算符

逻辑运算符是对真和假两种布尔值进行运算,运算后的结果仍是一个布尔值,如表 2-9 所示。

表 2-9　常用的逻辑运算符

运算符	逻辑表达式	描述
and	x and y	只有 x 和 y 的值都为 True,才会返回 True;只要 x 或者 y 有一个值为 False,就返回 False
or	x or y	只要 x 或者 y 有一个值为 True,就返回 True;只有 x 和 y 的值都为 False,才会返回 False
not	not x	如果 x 为 True,返回 False;如果 x 为 False,返回 True

2.3.5　其他运算符

成员判断运算符 in 用于判断元素是否包含在指定的序列中;关系判断运算符 is 用于判断两个标识符是不是引用于同一个对象,如下所示:

```
a=' Python'
print(a in' hello Python' )          #输出为: True
b=10
c=20
print(b is c)                        #输出为: False
```

2.3.6 运算符优先级

表 2-10 所示的运算符优先级由高到低排列。

表 2-10 运算符优先级

运算符	描述
* *	指数
* ,/ ,% ,//	乘、除、取余数、取整数
+ ,-	加法、减法
<= ,< ,> ,>=	比较运算符
== ,! =	等于运算符
= ,% = ,/ = ,// = ,- = ,+ = , * = , * *=	赋值运算符
is	关系判断
in	成员判断
not ,or ,and	逻辑运算符

2.4 习题

一、选择题

1. 下面哪个不是 Python 合法的标识符(　　　)。

A. int32　　　　　　　B. 40XL　　　　　　　C. self　　　　　　　D. __name__

2. 以下不能创建字典的语句是(　　　)。

A. dict1 = { }

B. dict2 = { 3 : 5 }

C. dict3 = { [1,2,3] : "uestc" }

D. dict4 = { (1,2,3) : "uestc" }

3. 优先级最高的运算符是(　　　)。

A. is　　　　　　　　B. *　　　　　　　　C. * *　　　　　　　D. +

4. aList = ' asdfgh123 ',那么切片 aList[3:7]得到的值是(　　　)

A. ' dfgh'　　　　　　B. 'dfgh1'　　　　　　C. 'sdfgh'　　　　　　D. 'dfg'

二、填空题

1. 列表、元组、字符串是 Python 的(　　　)(有序/无序)序列。

2. 表达式[1,2,3] * 3 的执行结果为(　　　)。

3. 已知 $x = 3$,那么执行语句 x *= 6 后,x 的值为(　　　)。

4. 表达式[3] in [1, 2, 3, 4]的值为(　　　)。

5. 已知 $x=[1,2,3,2,3]$,执行语句 x. remove(2) 之后,x 的值为(   )。

6. 任意长度的 Python 列表、元组和字符串中最后一个元素的下标为(   )。

7. 表达式 'ab' in 'acbed' 的值为(   )。

8. 已知列表 $x=[1,2,3]$,那么执行语句 x. insert(1,4) 之后,x 的值为(   )。

9. 已知列表 $x=[1,2]$,那么执行语句 x. append([3]) 之后,x 的值为(   )。

10. 已知 $x=[1,2,3,4,5]$,那么执行语句 del x[1:3] 之后,x 的值为(   )。

三、综合应用

1. 有如下 name 变量,请按照要求完成以下各题。

name="aleX is a man"

(1)判断 name 变量对应的值中 a 出现次数,并输出结果。

(2)将 name 变量对应的值中的 a 替换成 w,并输出结果。

(3)将 name 变量对应的值变为小写,并输出结果。

(4)输出 name 变量对应的值的前 3 个字符。

(5)请输出 name 变量对应的值的后 2 个字符。

2. 有如下列表 list1,请按照要求完成以下各题。

list1 = ['alx', 'wusir', 'eric', 'rain', 'alex']

(1)计算列表的长度。

(2)列表中追加元素'sever'。

(3)把列表中的第二个元素修改为'Kelly'。

(4)删除列表中的元素'eric'。

(5)删除第 2~4 个元素。

(6)反转列表中的所有元素。

(7)计算"alx"在列表中出现的次数。

第 3 章

程序流程控制

计算机程序设计包括面向过程和面向对象两种方法,面向对象程序设计在细节实现上需要面向过程的内容。结构化程序设计是公认的面向过程的编程方法,按照自顶向下、逐步求精和模块化的原则进行程序的分析与设计。为提高程序设计的质量和效率、增强程序的可读性,可以使用程序流程图、PAD 图、N-S 图等作为辅助设计工具。

程序流程图是一种传统的、应用广泛的程序设计表达工具,也称为程序设计框图。程序流程图表达直观、清晰、易于学习掌握,独立于任何一种程序设计语言。构成程序流程图的基本图例如图 3-1 所示。

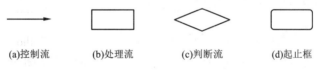

(a)控制流　　　(b)处理流　　　(c)判断流　　　(d)起止框

图 3-1　程序流程图基本元素

不论是面向对象的计算机语言,还是面向过程的计算机语言,某些语句块仍然需要使用流程控制语言来编写程序,完成相应的逻辑功能。Python 语言解决某个具体问题时,主要有3 种情况:顺序执行所有语句、条件选择执行部分语句和循环执行部分语句。程序设计中对应的 3 种基本结构是顺序结构、选择(分支)结构和循环结构,这 3 种结构的执行流程本章将详细介绍。

3.1　顺序结构

若程序中的语句按照各语句出现位置的先后次序执行,称之为顺序结构。程序流程图如图 3-2 所示,程序先执行语句块 1,再执行语句块 2,依次执行,最后执行语句块 n,是最简单的程序执行流程。

【例 3.1】　输入三角形 3 条边的边长(为简单起见,假设这 3 条边可以构成三角形且单位统一),计算三角形的面积。

$$三角形面积 = \sqrt{h \times (h-a) \times (h-b) \times (h-c)}$$

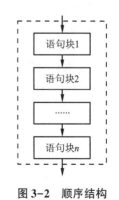

图 3-2　顺序结构

其中,*a*、*b*、*c* 是三角形 3 条边的边长,*h* 是三角形周长的一半。

```
a=float(input("请输入三角形的边长 a: "))
b=float(input("请输入三角形的边长 b: "))
c=float(input("请输入三角形的边长 c: "))
h=(a+b+c)/2                          #三角形周长的一半
area = (h* (h- a)* (h- b)* (h- c))* * 0.5    #三角形面积
print("三角形三边分别为%.2f,%.2f,%.2f"%(a,b,c))
print("三角形的面积=%.2f"% area)
```

程序运行结果如下:

```
请输入三角形的边长 a: 3
请输入三角形的边长 b: 4
请输入三角形的边长 c: 5
三角形三边分别为 3.00, 4.00, 5.00
三角形的面积=6.00
```

3.2 选择(分支)结构

选择结构可以根据条件来控制代码的执行,也叫分支结构。Python 使用 if 语句来实现分支,分支结构包含单分支、双分支和多分支等形式,程序流程图如图 3-3 所示。

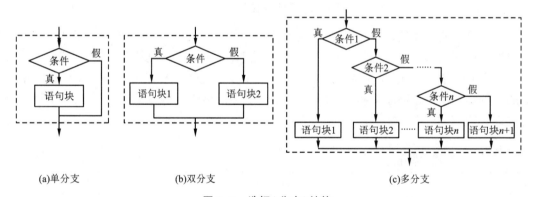

   (a)单分支   (b)双分支   (c)多分支

图 3-3 选择 (分支) 结构

3.2.1 单分支结构

if 语句单分支结构的语法形式如下。

if <条件表达式>

    语句/语句块

说明:

(1)条件表达式:条件表达式可以是布尔表达式、关系表达式、逻辑表达式等。控制流语句根据条件表达式的判断结果来决定是否执行后续语句,几乎所有的控制流语句都使用条件。

条件表达式最后被评价为 bool 值:True(真)或 False(假)。其中要注意的是,如果表达式的结果为数值 0、空字符串、空元组、空列表、空字典,其 bool 值为 False(假);否则其 bool 值为 True(真),例如,123、"abc"、(1,2)均为 True。

(2)语句/语句块:可以是单个语句,也可以是多个语句组成的语句块,同一个语句块中语句的缩进必须一致。单分支结构中当条件表达式的值为真(True)时,执行 if 后的语句(块),否则跳过语句(块)不做任何操作,控制将转到 if 语句的结束点。其流程如图 3-3(a)所示。

(3)使用 if 语句时,如果执行语句是单个语句,可以将其直接写到冒号":"的右侧,例如下面的代码:

```
if a>b:max=a
```

但是作为初学者,为了程序代码的可读性,建议不要这样做。

【例 3.2】　编写程序,输入两个数 *a* 和 *b*,按照从大到小的顺序(降序)输出。

```
a=int(input("请输入第 1 个整数: "))
b=int(input("请输入第 2 个整数: "))
print("输入值为: %i,%i"%(a,b))
if a < b:
    a,b=b,a              #a 和 b 交换赋值
print("降序排序为: %i,%i"%(a,b))
```

程序运行结果如下:

```
请输入第 1 个整数:3
请输入第 2 个整数:6
输入值为:3,6
降序排序为:6,3
```

温馨提示一:if 语句条件表达式后未加冒号(英文半角输入),将会提示 SyntaxError 语法错误。

温馨提示二:同一个缩进为同一个语句块,没有相同缩进的语句,虽然程序不会报错,但输出结果会有不同。如以下两个程序,左边的有输出结果,右边的因不满足a<b,故程序不会运行 if 语句块,没有任何输出。

<table>
<tr><td>

```
a=9
b=6
if a<b;
    a,b=b,a
print ("降序排序为:%i,%i"%(a,b))
```

</td><td>

```
a=9
b=6
if a<b;
  a,b=b,a
print ("降序排序为:%i,%i"%(a,b))
```

</td></tr>
</table>

3.2.2 双分支结构

在使用 if 单分支结构判断时,只能实现满足条件时要做的操作,不满足条件是没有任何操作的。那如果需要在不满足条件的时候做某些操作,该如何实现呢? 例如,用身份证第 17 位数字表示性别:奇数表示男性,偶数表示女性。Python 中提供了 if…else 双分支语句解决类似问题。

if 语句双分支结构的语法形式如下。

if <条件表达式>

　　　　语句/语句块 1

else：

　　　　语句/语句块 2

说明：

(1)当条件表达式的值为真(True)时,执行 if 后的语句/语句块 1,否则执行 else 后的语句/语句块 2,其流程如图 3-3(b)所示。

(2)同一层次语句中的 if 和 else 要保持相同缩进,代表一个完整的代码块,else 不可以单独使用,如以下语句：

正确：	错误：

a=-6
if a>0:
　　print ('a 是正数')
else:
　　print ('a 是非正数')
	a=-6
	if a>0:
	　　print ('a 是正数')
	　　else:
	　　print ('a 是非正数')

(3)if…else 语句可以使用条件表达式进行简化。

条件为真时的值 if <条件表达式> else 条件为假时的值

如以下求绝对值的代码块：

```
a = 66
if a > 0:
    b = a
else:
    b = -a
print(b)
```

可以简写为：

```
a = 66
b =a if a > 0 else -a
print(b)
```

【例 3.3】 判断输入整数的奇偶性。提示:如果输入的数能被 2 整除为偶数,否则为奇数。

```
a=int(input(' 请输入一个整数:'))
if a%2==0:
    print(' %i 为偶数。'%a)
else:
    print(' %i 为奇数。'%a)
```

程序运行结果如下:

```
请输入一个整数:3
3 为奇数。
```

【例 3.4】 计算分段函数 y 的值:当 $x \geq 0$ 时,$y=(x+2)^2$;当 $x<0$ 时,$y=x+4$。此分段函数有以下几种实现方式,请读者自行编程测试并分析程序结构。

(1)利用单分支结构实现。

```
if x>=0:
    y=(x+2)**2
if x<0:
    y=x+4
```

(2)利用双分支结构实现。

```
if x>=0:
    y=(x+2)**2
else:
    y=x+4
```

(3)利用条件运算语句实现。

```
y=(x+2)**2 if x>=0 else x+4
```

3.2.3 多分支结构

在程序设计中,使用 if 可以判断条件,使用 else 可以处理条件不成立的情况。但是,如果希望再增加一些条件,条件不同需要执行的代码也不同,这种判断可以使用 if…elif…else 语句实现。if 语句多分支结构的语法形式如下。

```
if <条件表达式 1>
    语句/语句块 1
elif <条件表达式 2>
    语句/语句块 2
[elif <条件表达式 3>
    语句/语句块 3
…]
else:
    语句/语句块 n
```

说明：

(1)在多分支语句 if...elif...else 内部,程序从上到下顺序运行,当条件表达式 1 结果为真,则执行语句/语句块 1 并跳出整个语句,如果为假,则跳过语句/语句块 1,将依次进行后续 elif 条件判断(可并行有多个 elif 条件判断);只有当所有表达式都为假时,才会执行 else 中的语句。其流程如图 3-3(c)所示。

(2)if 和 elif 都需要判断表达式的真假,而 else 不需要判断;另外,该语句的 elif 和 else 都必须跟 if 一起使用,不能单独使用,同一层级的语句保持相同缩进。

(3)在所有 if 语句中,当使用布尔类型的变量作为条件表达式时,不需要再次判断变量的真假。假设 a 为一个布尔变量,较为规范的书写如下:

```
if a:              #判断 a 是否为真
if not a:          #判断 not a 是否为真
```

不符合规范的书写如下:

```
if a==True:
if a==False:
```

(4)在条件表达式中常涉及判断两个值是否相等,初学者常见的书写错误是只写一个等号" = ",但在 Python 中,单等号代表的是"赋值",双等号才代表"比较是否相等"。如判断 num 变量是否等于 6,常见错误为 if num=6:…,正确写法应该为 if num==6:…。

【例 3.5】已知坐标(x,y),判断其所在的象限。

```
#已知坐标(x, y),判断其所在的象限.
x =int(input(' 请输入 x 坐标:'))
y =int(input(' 请输入 y 坐标:'))
if x==0 and y==0:
    print(' 坐标位于原点')
elif x==0:
    print(' 坐标位于 y 轴')
elif y==0:
    print(' 坐标位于 x 轴')
elif x>0 and y>0:
    print(' 坐标位于第一象限')
elif x<0 and y>0:
    print(' 坐标位于第二象限')
elif x<0 and y<0:
    print(' 坐标位于第三象限')
else:
    print(' 坐标位于第四象限')
```

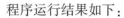

程序运行结果如下：

```
请输入 x 坐标: 6
请输入 y 坐标: - 9
坐标位于第四象限
```

【例 3. 6】已知某课程的百分制分数 score，编写程序将其转换为五级制（优、良、中、及格、不及格）的评定等级 grade。说明：当 score≥90 时，评定为"优"；当 80≤score<90 时，评定为"良"；当 70≤score<80 时，评定为"中"；当 60≤score<70 时，评定为"及格"；当 score<60 时，评定为"不及格"。

编写两种方法进行转换。

方法一：

```python
score=int(input(' 请输入分数: '))
if score>=90:
    grade=' 优'
elif score>=80:
    grade=' 良'
elif score>=70:
    grade=' 中'
elif score>=60:
    grade=' 及格'
else:
    grade=' 不及格'
print(grade)
```

方法二：

```python
score=int(input(' 请输入分数: '))
if score>=90:
    grade=' 优'
else:
    if score>=80:
        grade=' 良'
    else:
        if score>=70:
            grade=' 中'
        else:
            if score>=60:
                grade=' 及格'
            else:
                grade=' 不及格'
print(grade)
```

其中,方法一使用多分支 if...elif...else 语句按分数从大到小依次比较,方法二使用 if...else 双分支语句进行嵌套判断(嵌套语句见下一小节详述),其判断结果都是一样的,但为了使程序更符合 Python 语言特点,此案例更推荐使用方法一编写程序。

3.2.4 if 语句的嵌套

前面的 if 多分支语句中 elif 的应用场景是同时判断多个条件,所有的条件主体是平级的。但在程序设计中,使用 if 进行条件判断,如果希望在条件成立的执行语句中再增加另一个主体条件判断,为了使程序更符合 Python 语言特点,可以使用 if 语句的嵌套,即在 if 语句中又包含一个或多个 if 语句。

其语法格式除了缩进之外,与 if...else 没有区别,其语法格式如下。

```
if<条件表达式 1>
    语句/语句块 1
    if <条件表达式 1-1>  ┐
        语句/语句块 1-1  │
    [else:              ├ 内嵌 if
        语句/语句块 1-2] ┘
[else:
    语句/语句块 2
    if <条件表达式 2-1>  ┐
        语句/语句块 2-1  │
    [else:              ├ 内嵌 if
        语句/语句块 2-2]]┘
```

说明:同一层级的语句要保持相同缩进。

【例 3.7】 乘客车站安检案例。

首先检查是否有车票,如果有,才允许进行安检。安检时需要检查刀具的刀刃长度,判断刀刃是否超过 7.5 cm,如果超过 7.5 cm,提示不允许上车,如果不超过 7.5 cm,提示安检通过。如果没有车票,则不允许进入。

```
#定义布尔型变量 hasTicket 表示是否有车票
hasTicket = True
#定义整数型变量 knifeLength 表示刀具的刀刃长度,单位: 厘米
knifeLength = 7.5
#首先检查是否有车票,如果有,才允许进行安检
if hasTicket:
    print("有车票,可以开始安检...")
    #安检时,需要检查管制刀具的长度,判断是否超过 7.5 cm
```

```
if knifeLength >= 7.5:
    print("不允许携带 %d 厘米长的管制刀具上车" % knifeLength)
else:
    print("安检通过, 祝您旅途愉快...")
#如果没有车票, 不允许进入
else:
    print("您好! 请先买票...")
```

程序运行结果如下:

有车票,可以开始安检...
不允许携带 7.5 厘米长的刀刃刀具上车

【例 3.8】　设计一个计算购书款的程序,如果有会员卡,购书 5 本以下,书款按照 8.5 折结算,购书 5 本以上,书款按照 7.5 折结算;如果没有会员卡,购书 5 本以下,书款按照 9.5 折结算,购书 5 本以上,书款按照 8.5 折结算。

```
#计算购书款
hasCard=bool(input(' 请输入会员卡号(如无会员卡则不输入信息! ): '))
bookNum=int(input(' 请输入购书数量: '))
price=67.8              #单价, 此案例用一个假设值
if hasCard:
    if bookNum < 5:
        actualPay = price*bookNum*0.85
    else:
        actualPay = price*bookNum*0.75
else:
    if bookNum < 5:
        actualPay = price*bookNum*0.95
    else:
        actualPay = price*bookNum*0.85
print(' 您的实付金额是: %.2f' % actualPay)
```

程序运行结果如下:

请输入会员卡号(如无会员卡则不输入信息!): 666
请输入购书数量: 6
您的实付金额是: 305.10

3.2.5　选择结构综合举例

【例 3.9】　输入 3 个数 a、b、c,编写程序按从大到小的顺序排序。提示:先比较 a 和 b,

使得 $a>b$；然后比较 a 和 c，使得 $a>c$，此时 a 最大；最后比较 b 和 c，使得 $b>c$。

```
a = int(input(' 请输入整数 a:' ))
b = int(input(' 请输入整数 b:' ))
c = int(input(' 请输入整数 c:' ))
print(' 输入 a,b,c 的值分别为: ',a,b,c)
if a < b:
    a,b = b,a      #使得 a 大于 b
if a < c:
    a,c = c,a      #使得 a 大于 c
if b < c:
    b,c = c,b      #使得 b 大于 c
print(' 降序排序结果:',a,b,c)
```

程序运行结果如下：

```
请输入整数 a:3
请输入整数 b:9
请输入整数 c:6
输入 a,b,c 的值分别为: 3 9 6
降序排序结果: 9 6 3
```

【例 3.10】 编写"剪刀石头布"小游戏。要求玩家从控制台输入要出的拳——石头(1)/剪刀(2)/布(3)，电脑随机出拳，然后判断胜负。说明：石头胜剪刀，剪刀胜布，布胜石头。

```
#从控制台输入要出的拳
player = int(input("请出拳: 石头(1)/剪刀(2)/布(3): "))
#电脑随机出拳——初体验使用 random 模块函数 randint(),后面章节会重点介绍
import random
computer = random. randint(1,3)
#开始比较胜负
if ((player == 1 and computer == 2) or
    (player == 2 and computer == 3) or
    (player == 3 and computer == 1)):
    print("玩家你赢了! ")
elif player == computer:
    print("心有灵犀! ")
else:
    print("玩家你输了! ")
```

说明：

(1)在 Python 中,要使用随机数,首先需要使用语句 import random 导入随机数模块,然后使用 random. randint(a, b)返回[a, b]之间的整数(包含 a 和 b)。如 random. randint(12, 20)生成 12~20 间的随机整数(包含本数)(在此初体验使用 random 模块,后面章节会重点介绍)。

(2)如果 if 条件判断的内容太长,可以在条件表达式最外侧增加一对括号,再在每一个条件之间使用回车换行,Jupyter Notebook 和 PyCharm 等开发平台都可以自动增加缩进。

3.3　循环结构

循环结构是程序中一种非常重要的结构。循环结构允许一条或多条语句在一定条件下反复执行多次,重复执行的语句/语句块称为循环体。许多算法需要使用到循环结构,可大量减少源程序重复书写的工作量。Python 的循环结构包括遍历循环 for 语句和条件循环while 语句两种。

3.3.1　for 循环

for 循环是从遍历结构中逐一提取元素放到循环变量中,并执行循环体语句/语句块。遍历结构中有多少个元素,就执行多少次循环体,执行次数是由遍历结构中元素的个数决定的,故 for 循环又称遍历循环。当遍历完成后,程序将会转到 for 语句之后的下一个语句。遍历结构可以是不同的数据对象集合,如字符串(str)、列表(list)、元组(tuple)、字典(dict)、文件、迭代器对象等。遍历字符串的每个字符称为字符串遍历循环,遍历一个外部文件的每一行数据称为文件遍历循环,遍历由 range()函数产生的数字序列形成计数循环。

for 语句的格式如下：

for　变量　in　对象集合：
　　循环体语句/语句块

例如：

```
for i in '我爱你中国!':print(i,end=' ')      #打印输出:我爱你中国!
for i in [1,2,3]:print(i**2,end=' ')      #打印输出:1 4 9
for i in range(1,10):print(i,end=' ')      #打印输出:1 2 3 4 5 6 7 8 9
for i in range(1,10,3):print(i,end=' ')     #打印输出:1 4 7
```

关于 range 对象:Python 3 中的内置对象 range 是一个迭代器对象,在迭代时产生指定范围的数字序列,其格式为:range(start,stop[,step])。其中,range 返回的数字序列从 start 开始,到 stop 结束(不包含 stop)。如果指定了可选的步长 step,则序列按步长 step 增长。

【例 3.11】 利用 for 循环求 1~100 所有数之和、奇数之和偶数之和。

```
#利用 for 循环求 1~100 所有奇数的和以及所有偶数的和
sumAll = 0
sumOdd = 0
sumEven = 0
for i in range(1,101):
    sumAll += i          #所有数之和
    if i % 2 == 1:
        sumOdd +=i       #所有奇数之和
    if i % 2 == 0:
        sumEven +=i      #所有偶数之和
print(' 1~100 所有数之和:',sumAll)
print(' 1~100 所有奇数之和:',sumOdd)
print(' 1~100 所有偶数之和:',sumEven)
```

程序运行结果如下：

```
1~100 所有数之和: 5050
1~100 所有奇数之和: 2500
1~100 所有偶数之和: 2550
```

3.3.2 while 循环

while 循环是一种由条件控制的循环结构,在给定的条件表达式结果为真(True)时,执行循环体,否则退出循环。与 for 循环的不同之处在于:while 循环开始前并不知道重复执行循环体的次数,在条件表达式不成立时结束循环;for 循环是在遍历结构的序列穷尽时结束循环。

while 循环语句的格式如下。

while <条件表达式>

　　循环体语句/语句块

while 循环的执行流程如图 3-4 所示。

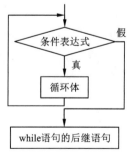

图 3-4　while 循环流程图

说明:

(1)条件表达式是每次进入循环之前进行判断的条件,可以为关系表达式或逻辑表达式,其运算结果为真(True)或假(False)。在条件表达式中必须包含控制循环的变量。

(2)在循环体内至少要包含改变循环条件的语句,以使循环趋于结束,避免造成“死循环”。

【例 3.12】 利用 while 循环求 1~100 所有数之和、奇数之和偶数之和,并体会与例 3.11 for 循环的区别。

```
#利用 while 循环求 1~100 所有奇数的和以及所有偶数的和
sumAll = 0
sumOdd = 0
sumEven = 0
i=1                          #定义循环条件中的变量
while i <= 100:
    sumAll += i              #所有数之和
    if i % 2 == 1:
        sumOdd +=i          #所有奇数之和
    if i % 2 == 0:
        sumEven +=i         #所有偶数之和
    i +=1                   #改变循环条件中的变量
print(' 1~100 所有数之和:' ,sumAll)
print(' 1~100 所有奇数之和:' ,sumOdd)
print(' 1~100 所有偶数之和:' ,sumEven)
```

程序运行结果和例 3.11 相同。

```
1~100 所有数之和: 5050
1~100 所有奇数之和: 2500
1~100 所有偶数之和: 2550
```

说明:如果 while 循环结构中的循环控制条件一直为真,则循环将无限继续,程序将一直运行下去,从而形成死循环。如本例循环体代码中的 i+=1(改变循环条件的变量)被注释掉或者不写,将会造成死循环,最后的 3 条语句将永远没机会执行。

程序进入死循环后会造成程序没有任何响应,或者造成不断输出(例如打印输出、文件写入等)。在大多数计算机系统中,可以使用 Ctrl+C 组合键中止当前程序的运行,重点检查循环条件的表达式变量是否正确。注意,有的程序算法十分复杂,可能需要运行很长时间,但并不是死循环。

【例 3.13】 用以下近似公式求自然对数底数 e 的值,直到最后一项的绝对值小于 10^{-6} 为止。$e \approx 1+\dfrac{1}{1!}+\dfrac{1}{2!}+\cdots+\dfrac{1}{n!}$。

```
i=1;e=1;t=1
while (1/t) >=10**(-6):
    t *=i
    e+= (1/t)
    i=i+1
print(' e=',e)
```

程序运行的结果:e=2.7182818011463845。

思考:此案例可以用 for 循环计算吗? 尝试用 for 循环写出该程序。

3.3.3 循环的嵌套

若在一个循环体内包含另一个完整的循环结构,称之为循环的嵌套。这种语句结构称为多重循环结构。在循环体中还可以包含新的循环,以形成多层循环结构。

在多层循环结构中,两种循环语句(for 循环、while 循环)可以相互嵌套。多重循环的循环次数等于每一重循环次数的乘积。一般程序设计中建议最多设计 3 层相互嵌套,否则程序会出现运行缓慢现象。

【例 3.14】 利用嵌套循环打印如图 3-5 所示的九九乘法表。

```
1*1= 1 1*2= 2 1*3= 3 1*4= 4 1*5= 5 1*6= 6 1*7= 7 1*8= 8 1*9= 9
2*1= 2 2*2= 4 2*3= 6 2*4= 8 2*5=10 2*6=12 2*7=14 2*8=16 2*9=18
3*1= 3 3*2= 6 3*3= 9 3*4=12 3*5=15 3*6=18 3*7=21 3*8=24 3*9=27
4*1= 4 4*2= 8 4*3=12 4*4=16 4*5=20 4*6=24 4*7=28 4*8=32 4*9=36
5*1= 5 5*2=10 5*3=15 5*4=20 5*5=25 5*6=30 5*7=35 5*8=40 5*9=45
6*1= 6 6*2=12 6*3=18 6*4=24 6*5=30 6*6=36 6*7=42 6*8=48 6*9=54
7*1= 7 7*2=14 7*3=21 7*4=28 7*5=35 7*6=42 7*7=49 7*8=56 7*9=63
8*1= 8 8*2=16 8*3=24 8*4=32 8*5=40 8*6=48 8*7=56 8*8=64 8*9=72
9*1= 9 9*2=18 9*3=27 9*4=36 9*5=45 9*6=54 9*7=63 9*8=72 9*9=81
```

图 3-5 九九乘法表

程序代码如下:

```
#打印九九乘法表
for i in range(1,10):           #外循环
    for j in range(1,10):         #内循环
        print(' % i*% i=% 2d' % (i,j,i*j),end=' ')
    print()              #换行处理
```

思考:请修改程序,分别打印如图 3-6(a)和图 3-6(b)所示的九九乘法表。

```
1*1= 1
2*1= 2 2*2= 4
3*1= 3 3*2= 6 3*3= 9
4*1= 4 4*2= 8 4*3=12 4*4=16
5*1= 5 5*2=10 5*3=15 5*4=20 5*5=25
6*1= 6 6*2=12 6*3=18 6*4=24 6*5=30 6*6=36
7*1= 7 7*2=14 7*3=21 7*4=28 7*5=35 7*6=42 7*7=49
8*1= 8 8*2=16 8*3=24 8*4=32 8*5=40 8*6=48 8*7=56 8*8=64
9*1= 9 9*2=18 9*3=27 9*4=36 9*5=45 9*6=54 9*7=63 9*8=72 9*9=81
```

(a)下三角

```
1*1= 1 1*2= 2 1*3= 3 1*4= 4 1*5= 5 1*6= 6 1*7= 7 1*8= 8 1*9= 9
        2*2= 4 2*3= 6 2*4= 8 2*5=10 2*6=12 2*7=14 2*8=16 2*9=18
                3*3= 9 3*4=12 3*5=15 3*6=18 3*7=21 3*8=24 3*9=27
                        4*4=16 4*5=20 4*6=24 4*7=28 4*8=32 4*9=36
                                5*5=25 5*6=30 5*7=35 5*8=40 5*9=45
                                        6*6=36 6*7=42 6*8=48 6*9=54
                                                7*7=49 7*8=56 7*9=63
                                                        8*8=64 8*9=72
                                                                9*9=81
```

(b)上三角

图 3-6 九九乘法表的另外两种显示效果

两种显示效果参考代码分别如下：

```
#打印九九乘法表（下三角）
for i in range(1,10):            #外循环
    for j in range(1,i+1):      #内循环
        print('%i*%i=%2d'%(i,j,i*j),end=' ')
    print()            #换行处理
```

```
#打印九九乘法表（上三角）
for i in range(1,10):            #外循环
    for k in range(1,i):
        print(end='        ')   #输出公式长度+1个空格
    for j in range(i,10):            #内循环
        print('%i*%i=%2d'%(i,j,i*j),end=' ')
    print()            #换行处理
```

3.3.4 break 语句

break 语句用于退出 for 循环或 while 循环,即提前结束循环,接着执行循环语句的后继语句。注意,当多个 for、while 语句彼此嵌套时,break 语句只应用于最里层的循环,即 break 语句只能跳出最近的一层循环。

【例 3.15】 使用 break 语句中止输入。

```
while True:
    s=input(' 请输入字符串(按 q 键结束)')
    if s=='q':
        break
    print(' 字符串的长度为: ',len(s))
print(' 程序运行结束! ')
```

程序运行结果如下：

```
请输入字符串(按 q 键结束)hello Python!
字符串的长度为: 13
请输入字符串(按 q 键结束)我爱你中国!
字符串的长度为: 6
请输入字符串(按 q 键结束)q
程序运行结束!
```

3.3.5 continue 语句

continue 语句类似于 break 语句,也必须在 for、while 循环中使用,但它用于结束本次循环,即跳过循环体内 continue 下面尚未执行的语句,返回到循环的起始处,并根据循环条件判断是否执行下一次循环。

continue 语句和 break 语句的区别在于:break 语句是结束循环,跳转到循环的后继语句执行;而 continue 语句仅结束本次循环,返回到循环的起始处,如果循环条件满足则继续执行下一次循环。

与 break 语句类似,当多个 for、while 语句彼此嵌套时,continue 语句只应用于最里层的语句。

【例 3.16】 使用 continue 语句跳过循环。要求输入若干学生成绩(按 q 键结束),如果成绩小于 0,则重新输入。统计学生人数和平均成绩。

```
num=0 ; scores=0        #初始化学生人数和总成绩
while True:
    s=input(' 请输入学生成绩(按 q 键结束):')
    if s=='q':
        break
    if float(s) < 0:
        continue
    num+=1                  #  统计成绩不小于零的学生人数
    scores+=float(s)    #计算总成绩
print(' 学生人数为: %i, 平均成绩为: %.2f '%(num,scores/num))
```

程序运行结果如下：

```
请输入学生成绩(按 q 键结束):89
请输入学生成绩(按 q 键结束):60
请输入学生成绩(按 q 键结束): - 56
请输入学生成绩(按 q 键结束):100
请输入学生成绩(按 q 键结束):q
学生人数为:3, 平均成绩为:83.00
```

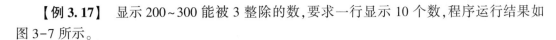

【例 3.17】　显示 200~300 能被 3 整除的数,要求一行显示 10 个数,程序运行结果如图 3-7 所示。

200~300 之间能被 3 整除的数有:									
201	204	207	210	213	216	219	222	225	228
231	234	237	240	243	246	249	252	255	258
261	264	267	270	273	276	279	282	285	288
291	294	297	300						

图 3-7　200~300 能被 3 整除的数

程序代码如下:

```
#显示 200~300 能被 3 整除的数,要求一行显示 10 个数
j=0                      #初始化计数器
print(' 200~300 能被 3 整除的数有:')
for i in range(200,300+1):
    if i % 3 != 0:
        continue        #跳过不能被 3 整除的数
    print(i,end=' ')
    j+=1
    if j % 10 ==0:
        print()         #打印 10 个数则换行
```

3.3.6　else 子句

在其他各种计算机语言中,else 子句主要用在分支结构中;而在 Python 中,for 循环、while 循环、异常处理结构中也可以使用 else 子句。在循环中使用时,else 子句在循环正常结束后被执行,也就是说,如果有 break 语句,则会跳过 else 子句。

【例 3.18】　在循环结构中使用 else 子句查找 100 以内所有的质数,然后放在一个列表内。

```
num=[]
i=2
for i in range(2,100):
    j=2
    for j in range(2,i):
        if i % j ==0:
            break
    else:
        num. append(i)
print(num)
```

程序运行结果如下：

[2, 3, 5, 7, 11, 13, 17, 19, 23, 29, 31, 37, 41, 43, 47, 53, 59,61, 67, 71, 73, 79, 83, 89, 97]

3.3.7　pass 语句

pass 语句是空语句,主要作用是保持程序结构的完整性。pass 语句一般用于占位,该语句不影响其后面语句的执行。

如在编写代码时,你可能编写了一条 if 语句并尝试运行,目前还未知某一个代码块怎么写,但 Python 中代码块又不能为空,此时就可以用 pass 语句进行占位,等待后续你能确定代码块内容之后再将 pass 语句替换掉即可。

3.3.8　循环结构综合举例

【例 3.19】　编写程序模拟猜数小游戏。通过设定参数指定一个整数范围和玩家猜测的最大次数。系统在指定范围内随机产生一个整数,然后让用户猜测该数字,系统根据玩家的猜测进行提示(例如:猜大了,猜小了,猜对了),玩家则根据提示进行下一次猜测,直到猜对或猜测次数用完。

```python
#编写程序模拟猜数小游戏
import random
computer=random. randint(1,50)    #系统随机生成一个 1~50 的随机整数
print(computer)
for i in range(1,6):
    player=int(input(' 请你输入一个数: '))
    if player==computer:
        print(' 恭喜你, 猜对啦! ')
        break                      #猜对了则退出整个循环
    if player>=computer:
        print(' 你输入的数有点大. ')
    if player<=computer:
        print(' 你输入的数有点小. ')
else:
    print(' 很遗憾, 你的次数已经用完. ')
```

3.4　异常处理

在计算机科学中,异常是指程序在运行过程中出现的不正常情况或错误,例如除数为零、索引越界、内存不足、文件不存在等。

在 Python 语言中,Python 解释器中的报错信息可以分为两大类:

(1)语法错误(syntax error):语法不正确,程序无法运行。

(2)异常错误(exception error):语法是正确的,在运行时被 Python 解释器检测到了违反规则的错误。

从程序实现的视角,语法错误与异常错误的区别是语法错误不能用异常处理语句 try 捕捉到,但异常错误能够用异常处理语句 try 捕捉到。

从程序运行的视角,语法错误是程序本身的错误,违反了语法规则,程序不能运行;异常错误不是程序本身的错误,是程序在运行过程中,由于外部条件,例如除数为零、访问的文件不存在、没有访问权限、数据库已关闭等,造成的程序不能正常运行,这时程序员需要负责捕捉异常错误,并告诉程序当异常发生时如何调试。

3.4.1　Python 内建的异常种类

Python 的异常可以分为 Python 内建异常和用户自定义异常。常见的 Python 内建异常如表 3-1 所示。

表 3-1　常见的 Python 内建异常

异常种类	关键字	描述
加载模块错误	ImportError	import 语句在尝试加载模块时,找不到模块
下标越界	IndexError	在索引序列,下标超出范围时引发
键找不到	KeyError	在字典的键名集合中找不到键名时引发
内存不足	MemoryError	内存不足时引发
找不到变量	NameError	在找不到本地或全局变量时引发
值错误	ValueError	函数接收到类型正确但值不合适的参数时引发
输入输出错误	IOError	计算机输入输出设备引发,例如文件不存在
除数为 0	ZeroDivisionError	除数为零引发

3.4.2　try 语句

在 Python 中,异常处理由异常处理语句 try 实现,通常将有发生异常风险的代码块,例如除法操作、读取文件等,放入 try 语句中,当异常发生时,由 try 语句负责捕捉异常,并按照程序员编写的代码块处理异常。若不使用 try 语句,则当异常发生时,由 Python 解释器自动处理异常。解释器典型的做法为:Python 解释器将用户程序中断,然后输出异常类型信息。

try 语句的语法如下:

```
try:
    #把有发生异常风险的代码放在这里
    pass    #占位语句
except [异常处理类型 a] as 标识符:
    #处理异常 a 的代码放这里
    pass
except [异常处理类型 b] as 标识符:
    #处理异常 b 的代码放这里
    #如还有其他异常情况,则继续增加 except 语句块
    pass
else:
    #没有异常发生时,执行这里的语句块
    pass
finally:
    #不管是否发生异常,都会执行这里的语句块
    #常用于实现清理(clean up)工作,例如关闭文件,释放资源空间
    pass
```

try 语句块中需要注意:

(1)finally 语句块通常用于释放外部资源,实现清理工作,例如关闭文件、关闭数据库连接、释放资源等,无论异常是否发生,finally 语句块都会执行。若没有资源要释放或清理,上述完整的 try 语句块精简为 try…except…else 语句块,即不需要 finally 语句块。

(2)若没有发生异常,没有代码需要执行,则 try…except…else 语句块精简为 try…except 语句块,即不需要 else 语句块。

(3)except 语句中的 as 标识符用于获得引发异常错误的原因,可以省略。

(4)在语法示例中,pass 语句不做任何操作,放在这里是为了保证 try 语句的范例结构看起来更完整,可读性更强,相当于占位符,即在编写程序时应该用程序语句替换 pass 语句。

【例 3. 20】 捕捉除数为 0 的异常并处理,用 try…except 语句块实现。

主程序如下所示:

```
dividend=eval(input(' 请输入一个被除数: '))
divisor=eval(input(' 请输入一个除数: '))
try:
    result=dividend/divisor
except ZeroDivisionError:    #捕捉除数为 0 异常
    #当除数为 0 时,输出提示信息
    print(' 输入错误: 除数不能为 0! ')
```

程序运行结果如下:

请输入一个被除数: 2
请输入一个除数: 0
输入错误: 除数不能为 0!

【例 3.21】 捕捉除数为 0 和类型错误的异常并处理,若没有发生异常,则输出计算结果,用 try…except…else 语句块实现。

主程序如下所示:

```
while True:
    try:
        dividend = int(input(' 请输入一个整型被除数: '))
        divisor = int(input(' 请输入一个整型除数: '))
        result = dividend/divisor
    except ZeroDivisionError:        #捕捉除数为 0 异常
        #当除数为 0 时,输出提示信息
        print(' 输入错误: 除数不能为 0! ')
    except ValueError:
        #当输入数据类型异常发生时,输出提示信息
        print(' 输入数据类型不符合要求! ')
    else:        #没有异常发生时输出结果
        print(' %.2f 除以%.2f 的结果为: %.2f %(dividend,divisor,result))
        break
```

程序运行结果如下:

请输入一个整型被除数: 6
请输入一个整型除数: 0
输入错误: 除数不能为 0!
请输入一个整型被除数: 6
请输入一个整型除数: 2.3
输入数据类型不符合要求!
请输入一个整型被除数: 6
请输入一个整型除数: 2
6.00 除以 2.00 的结果为: 3.00

3.5 复习题

一、选择题

1. 以下代码的输出结果是( )。

```
if 0 :
print(' Hello Python!' )
```

A. False   B. Hello Python！   C. 没有任何输出   D. 语法错误

2. 执行下列 Python 语句将产生的结果是( )。

```
x=2; y=2.0
if (x==y):print(' Equal' )
else:print(' Not Equal' )
```

A. Equal   B. Not Equal   C. 编译错误   D. 运行时错误

3. 执行下列 Python 语句将产生的结果是( )。

```
i=1
if (i):print(' True' )
else:print(' False' )
```

A. 没有输出   B. True   C. False   D. 编译错误

4. 用 if 语句表示如下分段函数 $f(x)$,下面程序不正确的是( )。

$$f(x) = \begin{cases} 2x + 1 & x \geqslant 1 \\ 3x/(x - 1) & x < 1 \end{cases}$$

A. if (x>=1):f=2*x+1   B. if (x>=1):f=2*x+1
    f=3*x/(x-1)   if (x<1):f=3*x/(x-1)

C. f=2*x+1   D. if (x<1):f=3*x/(x-1)
    if (x<1):f=3*x/(x-1)   else:f=2*x+1

5. 下面程序段的功能是求 x 和 y 两个数中的大数,不正确的是( )。

A. maxNum = x if x>y else y   B. maxNum = math.max(x,y)

C. if(x>y): maxNum=x   D. if (y>=x):maxNum = y
    else: maxNum = y   maxNum = x

6. 在 Python 中,使用 for...in 构成的循环不能遍历的类型是( )

A. 字典   B. 列表   C. 浮点数   D. 字符型

7. 以下选项中,错误的是( )

A. s=' a' or' b' 是合法的,结果是' a'   B. s=' a' and' b' 是合法的,结果是' b'

C. 11 <= 22 < 33 结果是 False   D. 33 >= 22 > 11 结果是 True

8. 以下关于分支结构的描述中,错误的是( ).

A. 二分支结构有一种紧凑形式,使用保留字 if 和 elif 实现

B. if 语句中条件部分可以使用任何能够产生 True 和 False 的语句或函数

C. if 语句中语句块执行与否依赖于条件判断

D. 多分支结构用于设置多个判断条件及对应的多条执行路径

9. 以下代码的输出结果是(　　)

```
i=s=0
while i<=10:
    s+=i
    i+=1
print(s)
```

A. 0　　　　　　　　B. 55　　　　　　　　C. 10　　　　　　　　D. 以上结果都不对

10. 以下代码的输出结果是(　　)

```
m=5
while m==m:
    print('m')
```

A. 输出 1 次 *m*　　　　　　　　　　　　B. 输出 1 次 5

C. 输出 5 次 *m*　　　　　　　　　　　　D. 无限次输出 *m*,直到终止程序

11. 以下代码的输出结果是(　　)

```
for ch in 'PYTHON PROGRAM':
    if ch == '':
        break
    if ch == 'O':
        continue
    print(ch,end='')
```

A. PYTHON　　　　B. PYTHONPROGRAM　C. PYTHN　　　　　　D. PROGRAM

二、填空题

1. 表达式 2 and 3 的值为(　　)。

2. 表达式 not {} 的值为(　　)。

3. 在 Python 无穷循环 while True:的循环体中可以使用(　　)语句退出循环。

4. Python 语句"for i in range(1, 21, 5): print(i, end='')"的输出结果为(　　)。

5. Python 语句"for i in range(10, 1, -2): print(i, end='')"的输出结果为(　　)。

6. 循环语句"for i in range(-3,21,4)"的循环次数为(　　)。

7. 要使语句"for i in range(?,-4,-2)"循环执行 15 次,则循环变量 i 的初值应当为(　　)。

8. 执行下列 Python 语句后的输出结果是(　　),循环执行了(　　)次。

```
i=-1
while (i<0):i*=i
print(i)
```

三、简答题

1. 叙述 pass 语句的作用。

2. 跳转语句 break 和 continue 的区别是什么?

3. 列出 Python 常见的内建异常种类,并解释异常和错误的区别。

4. 举例捕捉并处理下标越界的异常。

四、综合题

1. 完成本章中例 3.1~例 3.21,熟悉 Python 语言的三种基本控制结构,即顺序结构、选择结构和循环结构,掌握异常处理常见方法。

2. 编程判断某一年是否为闰年。判断闰年的条件是年份能被 4 整除但不能被 100 整除,或者能被 400 整除。

3. 根据邮件的重量和用户是否选择加急计算邮费。计算规则:重量在 1000 g 以内(含 1000 g),基本费 12 元;超过 1000 g 的部分,每 500 g 加收超重费 4 元,不足 500 g 部分按 500 g 计算。如果用户选择加急,多收 10 元。输入邮件重量(整数,单位为 g),输入一个字符表示是否加急(y 表示加急,n 表示不加急)。输出一个整数,表示邮费。

4. 某移动通信公司的手机话费收费标准规定如下:若为固定套餐用户,每月固定费用 50 元,可打电话 300 min,超出 300 min,每分钟收费 0.1 元;若为非固定套餐用户,每分钟电话费 0.2 元。

输入某人一个月的通话时间,以及是否为固定套餐用户(输入 y 表示固定套餐用户,输入 n 表示非固定套餐用户),计算话费。

5. 输入 k 个不小于 1,且不大于 10 的正整数。编写程序计算输入的 k 个正整数中,1、5 和 10 出现的次数。

6. 统计在某个给定范围[x,y]的所有整数中,数字 3 出现的次数。

7. 用 1、2、3、4 四个数字组成互不相同且无重复数字的 3 位数,输出所有这样的 3 位数,每行输出 4 个。

8. 输入一个整数,将各位数字反转后输出。

9. 接收一个字符串作为参数,判断该字符串是否为回文(正读和反读都一样的字符串),如果是则返回 True,否则返回 False。不允许使用切片。

10. 编写程序:输入整数 $n(n \geq 0)$,分别利用 for 循环和 while 循环求 $n!$。

提示:

(1)$n! = 1*2*3*4*(n-1)*n$,特别地,$0! = 1$。

(2)一般情况下,累乘的初始值为 1,累加的初始值为 0。

(3)如果输入的是负整数,则提示请输入非负整数,直到输入>=0。

11. 有一分数序列:2/1,3/2,5/3,8/5,13/8,21/13,…。计算这个序列的前 20 项之和。

12. 输入一组 3 位正整数,输入"q"表示输入结束,输出这组数中水仙花数的个数。水仙花数是 3 位正整数,每个数位上的数的立方和等于它本身。例如 $153 = 1^3 + 5^3 + 3^3$,所以 153 是一个水仙花数。

13. 模拟报数游戏。有 n 个人围成一圈,从 0 到 $n-1$ 按顺序编号,第一个人开始从 1 到 k 报数,报到 k 的人退出圈子,然后圈子缩小,从下一个人继续游戏,问最后留下的是原来的几号?

第4章

函数

所谓函数,就是把具有独立功能的代码块组织为一个小模块,在需要的时候调用。函数分为内置函数和自定义函数,内置函数是 Python 自带的函数,如 len、input、print 等;自定义函数是根据用户需求,将一段有规律的、重复的代码定义为函数。本章将详细介绍自定义函数。

4.1 函数的定义和调用

4.1.1 函数的定义

定义函数格式如下:

```
def functionName([parameterlist]):
    function body
```

参数说明如下:

def:英文 define 的缩写。

functionName:函数名,与 Python 中其他标识符命名规则相同。

parameterlist:参数,调用一个函数时可以传递的参数。参数可以有一个或者多个,也可以没有参数。

function body:函数体,即该函数被调用时要执行的功能代码。函数体相对于定义函数的 def 行需要缩进 2 个空格。

在开发中,如果希望给函数添加注释,应该在定义函数的下方,使用连续的三对引号编写对函数的说明文字。在函数调用位置,使用快捷键"CTRL + Q"可以查看函数的说明信息。

【例4.1】 定义一个函数,返回两个数字的和。

定义函数:

```
def sum(a,b):
    add = a + b
    return add
```

4.1.2 函数的调用

函数调用格式如下：

```
functionName([parameters value])
```

参数说明如下：

functionName：函数名称。

parameters value：参数值。如果需要传递多个参数值，则各参数值间使用逗号分隔，如果该函数没有参数，则直接写一对小括号即可。

【例4.2】 定义一个函数，其功能是求正整数的阶乘，并利用该函数求解6!。

定义和调用函数：

```
def fac(n):
    s=1
    for i in range(1,n+1):
        s*=i
    return s
fac(6)
```

运行结果：

```
720
```

4.2 函数参数

定义函数时，小括号中的参数称为形参；调用函数时，小括号中的参数称为实参。Python 中函数的参数可以分成以下几种类型：必须参数、关键字参数、默认值参数、可变参数。下面将对这些参数进行详细介绍。

4.2.1 必须参数

必须参数就是函数调用时必须传入的参数，并且在调用的时候数量和顺序必须和定义函数时保持一致。

【例4.3】 必须参数应用示例。

定义和调用函数：

```
def mul(a,b):
    print("a*b=", a*b)
mul(3,4)
```

运行结果：

```
a*b=12
```

4.2.2　关键字参数

关键字参数是指使用形式参数名来确定输入的参数值,通过该方式指定实际参数时,不再需要与形式参数的位置完全一致,只要将参数名写正确即可。

【例4.4】　关键字参数应用示例。

定义与调用函数:

```
def detail(apple,banana):
    print(' apple 的数量为:% d'  % apple)
    print(' banana 的数量为:% d'  % banana)
detail(4,5)
```

运行结果:

```
apple 的数量为:4
banana 的数量为:5
```

调用函数:

```
detail(banana=6,apple=4)
```

运行结果:

```
apple 的数量为:4
banana 的数量为:6
```

4.2.3　默认值参数

编写函数时,可给每个形参指定默认值。在调用函数中给形参提供了实参时,Python 将使用指定的实参值,否则将使用形参的默认值。

```
def functionName([parameter1=defaultvalue1]):
    function body
```

参数说明如下:

functionName:函数名称,在调用函数时使用。

parameter1 = defaultvalue1:用于指定向函数中传递的参数,并且为该参数设置默认值为 defaultvalue1,该类型参数一般用中括号[ ]进行标记。默认参数需写在必须参数之后,否则函数定义会报错。

function body:函数体。

【例4.5】　默认值参数应用示例。

定义函数:

```
def message(name,age,sex=' male' ,cla=' 一班' ):
    print(' 我叫: % s'  % name)
    print(' 今年: % d'  % age)
    print(' 性别: % s'  % sex)
    print(' 班级为: % s'  % cla)
```

调用函数方式 1:

```
message(' 张三' ,18)                    #只传必须参数
```

运行结果 1:

```
我叫: 张三
今年: 18 岁
性别: male
班级为: 一班
```

调用函数方式 2:

```
message(' 王红' ,24,sex=' female' ,cla=' 二班' )     #对默认值参数进行修改
```

运行结果 2:

```
我叫: 王红
今年: 24 岁
性别: female
班级为: 二班
```

4.2.4 可变参数

在声明函数时,可以通过带星的参数(例如 * paraml)向函数传递可变数量的实参并将其放到一个元组中。

在声明函数时,也可以通过带双星的参数(例如 ** param2)向函数传递可变数量的实参并将其放入到一个字典中。

【例 4.6】 可变参数(* paraml)应用示例。

定义和调用函数:

```
def demo1(*  paraml):
    print(paraml)
demo1(' apple' )
demo1(4,6)
demo1(' apple' ,6,' abc' )
```

运行结果:

```
(' apple' ,)
(4, 6)
(' apple' , 6, ' abc' )
```

58

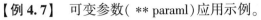

【例4.7】 可变参数(**paraml)应用示例。

定义和调用函数:

```
def demo3(**p):
    print(p)
demo3(apple=5,banana=10)
```

运行结果:

```
{'apple' :5,' banana' :10}
```

【例4.8】 必须参数、可变关键字参数及可变参数混合使用示例。

定义和调用函数:

```
def demo4(a,b,*c,**d):
    print(a)
    print(b)
    print(c)
    print(d)
demo4(' python' ,6,9,' hello' ,apple=5,pear=10)
```

运行结果:

```
python
6
(9, ' hello' )
{' apple' : 5, ' pear' : 10}
```

注意:当定义函数的形参中有多种参数时,应遵循以下顺序原则,必须参数放在最前面,其次是可变参数,最后是可变关键字参数。

4.3 变量作用域

Python中变量赋值的位置决定变量的使用范围,这个范围被称为作用域。Python中基于变量的作用域可将变量分为两种:局部变量和全局变量。本节将分别对它们进行介绍。

4.3.1 局部变量

局部变量是指在函数内部定义并使用的变量,它只在函数内部有效。

【例4.9】 局部变量定义示例。

定义和调用函数:

```
def text():
    x="hello"                      #定义局部变量
    print(x)
text()
print(x)
```

运行结果：

```
hello                              #函数体内的"print()"正常执行
name 'x' is not defined            #函数体外的"print(x)"不能访问局部变量 x
```

4.3.2 全局变量

与局部变量对应,全局变量是能够作用于整个程序的变量。全局变量主要有以下两种情况:

(1)在函数体外定义的变量。

(2)在函数体内定义,使用 global 关键字修饰后,该变量成为全局变量。

【例 4.10】 全局变量应用示例。

定义和调用函数:

```
a=5                                #定义全局变量 a
def fruit1():
    b=10                           #定义局部变量 b
    return a+b                     #函数体内访问全局变量 a
fruit1()
print(a)                           #函数体外访问全局变量 a
```

运行结果:

```
15
5
```

【例 4.11】 global 关键字应用示例。

定义和调用函数:

```
pi=3.141592
def func():
    global pi
    pi=3.14
    print("pi=",pi)
print("pi=",pi)                    #未调用函数前打印全局变量
func()                             #调用函数
print("pi=",pi)                    #调用函数后打印全局变量
```

运行结果:

```
pi=3.141592
pi=3.14
pi=3.14
```

4.4 函数返回值

返回值是函数完成工作后,返回给调用者的结果,在函数中使用 return 关键字来返回结果。调用函数的一方可以使用变量来接收函数的返回结果。

【例 4.12】 定义一个函数,函数的功能是求圆的面积和周长,然后调用它打印出给定半径的圆的面积和周长。

定义和调用函数:

```
def circle2(r):
    L=2*3.14*r
    area=3.14*r*r
    return L,area
r=5
a=(circle2(5))
print(a)
```

运行结果:

```
(31.400000000000002, 78.5)
```

当函数具有多个返回值时,如果只用一个变量来接收返回值,函数返回值将构成一个元组。

4.5 lambda 表达式

lambda 函数是一个匿名函数,定义格式如下:

```
lambda arg:expression
```

参数说明如下:

arg:形式参数,可以有一个也可以有多个,用逗号隔开。

expression:表达式,只有一个,返回计算结果。

【例 4.13】 分别用普通函数和 lambda 函数求任意两个数的和。

程序代码如下所示:

```
def add(x,y):
    return x+y                  #普通函数
lambda x,y:x+y                  #lambda 函数
```

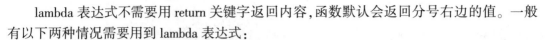

lambda 表达式不需要用 return 关键字返回内容,函数默认会返回分号右边的值。一般有以下两种情况需要用到 lambda 表达式:

(1)程序只执行一次,不需要定义函数名。

(2)在某些函数中必须以函数作为参数,但是函数本身十分简单而且只在一处使用。

【例 4.14】 lambda 函数应用示例。

程序代码如下所示:

```
g=lambda x,y=2,z=3:x*y+z
print(g(5))
```

运行结果:

```
13
```

4.6 综合案例

【例 4.15】 编写一个函数,提取指定字符串中所有的字母,然后拼接在一起产生一个新的字符串(例如传入 abc123%&we,运行后结果为 abcwe)

定义函数:

```
def char(str1):
    str2=''
    for x in str1:
        if 'a'<=x<='z' or 'A'<=x<='Z':
            str2+=x
    return str2
```

调用函数:

```
str1='abc123%&we'
print(char(str1))
```

运行结果:

```
abcwe
```

4.7 复习题

一、选择题

1. 关于函数作用的描述,以下选项中错误的是(   )。

A. 复用代码

B. 增强代码的可读性

C. 降低编程复杂度

D. 提高代码执行速度

2. 关于形参和实参的描述,以下选项中正确的是(　　　)。

A. 函数定义中参数列表里面的参数是实际参数,简称实参

B. 程序在调用时,将形参赋值给函数的实参

C. 程序在调用时,将实参赋值给函数的形参

D. 参数列表中给出要传入函数内部的参数,这类参数称为形式参数,简称形参

3. 关于函数的可变参数,可变参数 ∗ args 传入函数时存储的类型是(　　　)。

A. list　　　　　B. set　　　　　C. dict　　　　　D. tuple

4. 调用以下函数后返回的值为(　　　)。

def myfun( ) :

pass

A. 0　　　　　　B. 出错不能运行　　　　　C. 空字符串　　　　D. None

二、填空题

1. 用来定义函数的关键字是(　　　　　)。

2. 如果一个函数中没有 return 语句,Python 解释器会认为该函数返回(　　　　　)。

3. 下面程序中输入 rev('I love you'),返回值为(　　　　　)。

def rev(s):

　　s=s.split()

　　s1='' .join(reversed(s))

　　return s1

4. 执行下述程序,输出结果是(　　　)

def func5(a,b,∗ c):

　　print(a,b)

　　print("length of c is ％d, c is " ％ len(c),c)

func5(1, 2, 3, 4, 5, 6)

5. 执行下述程序,输出结果是(　　　)

def demo(∗ para):

avg = sum(para)/len(para)

　　g = [i for i in para if i>avg]

　　return (avg,)+tuple(g)

print(demo(1,2,3,4))

6. 执行下述程序,输出结果是(　　　)。

def foo(s):

　　if s＝＝"":

　　　　return s

　　else:

　　　　return s[1:]+s[0]

```
print (foo(' Happy New Year!' ))
```

7. 执行下述程序,输出结果是(   )。

```
def sort(number1,number2):
    if number1<number2:
        return number1, number2
    else:
        return number2, number1
n1, n2 = sort(3,2)
print(' n1 is ', n1)
print(' n2 is ', n2)
```

三、综合应用

1. 编写函数,判断一个数是否为素数,是则返回字符串 YES,否则返回字符串 NO。另外,编写测试函数。

2. 编写函数,计算传入的 string 中,数字、字母、空格以及其他内容的个数,并返回结果。

3. 编写一个 upper 函数,将一个字符串中所有的小写字母变成大写字母。

4. 编写函数,接收一个整数 t 为参数,打印杨辉三角前 t 行。

5. 编写函数,实现冒泡算法。

第5章

面向对象

在面向对象编程中,可以编写表示现实世界中的事物和情景的类,并基于这些类来创建对象。编写类时,需要定义一大类对象都有的通用行为。基于类创建对象时,每个对象都自动具备这种通用行为,然后可根据需要赋予每个对象独特的个性。它可以使程序的维护和扩展变得更简单,并且可以大大提高程序开发效率。

5.1 面向对象概述

本小节主要介绍对象的概念、类的概念以及面向对象的三大特点:封装、继承和多态。

5.1.1 对象

万物皆是对象。现实世界中我们能见到的、能触碰到的所有人和事物都是对象,如人、猫、狗、汽车等。

对象可以是有形的,也可以是无形的。人们在认识世界时,会将对象简单处理为两个部分——属性和行为。

对象具有属性,正如每个人都有姓名、年龄、身高、体重等属性,同一类对象虽然都具有相同的属性,但是其中的每个对象又是不同的,这表现为每个对象各自的属性值并不相同。

对象具有行为,也可以称为方法,就像每个人都要吃饭、睡觉、运动一样,面向对象编程将完成某个功能的代码块定义为方法,方法可以被其他程序调用,也可以被对象自身调用。

5.1.2 类

类是封装对象的属性和方法的载体,反过来说,具有相同属性和方法的一类实体被称为类。例如,把学生比作学生类,那么学生类就具备了学号等属性,而计算机1班的01号学生则被视为学生类的一个对象。

类和对象的关系:

(1)类是对象的抽象,而对象是类的具体实例。

(2)每一个类在某一时刻都有零个或更多的实例。

(3)类是静态的,它们的存在、语义和关系在程序执行前就已经定义好了;对象是动态的,它们在程序执行时可以被创建和删除。

5.1.3 面向对象程序设计的特点

面向对象程序设计具有三大基本特征:封装、继承和多态。下面分别描述。

(1)封装:封装是一种信息隐蔽技术,它将数据和加工该数据的方法封装为一个整体,使得用户只能见到对象的外特性,而对象的内特性对用户是隐蔽的。

(2)继承:当多个类具有相同的属性和方法时,可以将相同的部分抽取出来放到一个类中作为父类,其他类则继承这个父类。继承后,子类自动拥有父类的属性和方法。需要注意的是,父类的私有属性不能被继承。另外,子类可以写自己特有的属性和方法,子类也可以复写父类的方法,即方法的重写。

(3)多态:即一种定义,多种实现,同一类事物表现出多种形态。多态机制使具有不同内部结构的对象可以共享相同的外部接口。

5.2 类的定义

5.2.1 创建一个简单的类

Python 中提供了 class 关键字来声明一个类,class 中有成员属性和成员方法。Python 中类的定义格式如下:

```
class Name:
    statement
```

Name:类名,一般由大写字母开头。

statement:类的主体,主要由属性和方法等语句组成。

注意:类名和变量名一样区分大小写。现在定义一个 Women 类,如下所示:

```
class Women():
    gender = 'female'
    avg_height = 1.6

    def think(self):
        print('人类喜欢思考')
```

使用类来创建一个真正的对象,这个对象就称为这个类的一个实例(instance),也叫实例对象(instance objects)。这类似于工厂的流水线要生产一系列玩具,就要先做出这个玩具的模具,然后根据这个模具进行批量生产,而这个模具就是类。

创建一个对象:

women＝Women()

如果想要调用类中的方法,用点操作符引用即可:

women. think()

运行结果:

人类喜欢思考

5.2.2　构造函数

　　类是一个模板,通过类实例化,可以生成一个或多个对象。但此时生成的对象特征比较抽象,只具有类的通俗特征,没有描述对象的具体特征,因此要使用构造函数(__init__),让模板生成不同特征的对象。需要注意的是,构造函数的第一个参数是 self,不能漏掉。
　　定义类:

```
class  Women():
    gender = ' female'
    avg_height = 1. 6

    def _ _init_ _(self,name,age):                #初始化对象的特征
        print(' this is _ _init_ _')
        self. name = name
        self. age = age

    def think(self):
        print(' 人类喜欢思考')
```

测试类:

```
women = Women(' Lucy' ,18)
print(women. name)
print(women. age)
women. _ _dict_ _
```

运行结果:

```
this is _ _init_ _                #当输入 women = Women(' Lucy' ,18)的运行结果
Lucy
18
{' name' : ' Lucy' , ' age' : 18}
```

5.3 属性

根据定义位置,属性可以分为类属性和实例属性,下面分别进行介绍。

5.3.1 类属性

类属性是指定义在类中,并且在函数体外的属性。类属性可以在所有实例化的对象中公用,类属性可以通过类名或者实例名访问。

【例 5.1】 增加和修改类属性应用示例。

定义类:

```
class Women():
    gender = ' female'
    avg_height = 1. 6
def think(self):
        print(' 人类喜欢思考')
```

测试类:

```
Women. avg_height=1. 62        #修改类属性
Women. avg_weight=50           #添加类属性
print(Women. avg_height)
print(Women. avg_weight)
```

运行结果:

```
1. 62
50
```

5.3.2 实例属性

实例属性是指定义在类的方法中的属性,只作用于当前实例中。

【例 5.2】 定义 Circle 类表示圆。该类有 1 个实例属性 radius,均在初始化方法中定义,有两个方法 Area 和 Perimeter,分别计算圆的面积和周长。

定义类:

```
class Circle():
    def _ _init_ _(self,r):
        self. radius = r
    def Area(self):
        return self. radius*  self. radius*  3. 14
    def Perimeter(self):
        return self. radius*  3. 14*  2
```

测试类:

```
t = Circle(6)
print("圆 t 的半径: ", t. radius)
print("t 的面积: ", t. Area())
print("t 的周长: ", t. Perimeter())
print(' ———————————————————— ')
t. radius = 8        #修改实例属性
print("圆 t 的半径: ", t. radius)
print("t 的面积: ", t. Area())
print("t 的周长: ", t. Perimeter())
```

运行结果:

```
圆 t 的半径:   6
t 的面积:   113. 04
t 的周长:   37. 68
————————————————————

圆 t 的半径:   8
t 的面积:   200. 96
t 的周长:   50. 24
```

在上述程序代码中,radius 为实例属性,只能通过实例名"t"访问,如果通过类名访问实例属性,将会抛出异常。

5.3.3　访问限制

为了保证类内部的某些属性或方法不被外部访问,可以在属性或方法名前面添加单下划线、双下划线或首尾加双下划线,从而限制访问权限。其中,单下划线、双下划线、首尾双下划线的作用如下。

(1)以单下划线开头的表示保护(protected)类型的成员,只允许类本身和子类进行访问,保护属性可以通过实例名访问。

【例 5.3】 创建一个 Women 类,定义保护属性_gender,并在_ _init_ _( )方法中访问该属性,然后创建 Women 类的实例,并通过实例名输出保护属性_gender。

定义类:

```
class Women():
    _gender = ' female'                    #定义保护属性
    avg_height = 1. 6

    def _ _init_ _(self):                    #在实例方法中访问保护属性
        print("我的性别为",Women. _gender)
```

```
    def think(self):
        print(' 人类喜欢思考')
```

测试类:

```
women = Women()                    #将类实例化
print("直接访问:",women._gender)    #通过实例名访问保护属性
```

运行结果:

```
我的性别为 female
直接访问: female
```

(2)双下划线表示私有(private)类型的成员,不能通过类的实例进行访问,但是可以通过"类的实例名. _类名_ _×××"方式访问。

【例 5.4】 创建一个 Women 类,定义私有属性_ _gender,并在_ _init_ _( )方法中访问该属性,然后创建 Women 类的实例,并通过实例名输出私有属性_ _gender。

定义类:

```
class Women():
    _ _gender = ' female'              #定义私有属性
    avg_height = 1.6

    def _ _init_ _(self):              #在实例方法中访问私有属性
        print("我的性别为",Women._ _gender)

        def think(self):
            print(' 人类喜欢思考')
```

测试类:

```
#将类实例化
women = Women()
#私有属性可以通过实例名.类名_ _×××访问
print("加入类名",women._Women_ _gender)
#不能通过实例名访问, 出错
print("直接访问:",women._gender)
```

运行结果:

```
我的性别为 female
加入类名 female
```

最后提示如下错误信息:

AttributeError: ' Women' object has no attribute ' _gender'

(3)首尾双下划线表示定义特殊方法,一般是系统定义的名称,如_ _init_ _( )。

5.4　方法

本小节主要介绍了静态方法、类方法、get 和 set 方法的声明以及使用。

5.4.1　静态方法

在开发时,如果需要在类中封装一个方法,且这个方法既不需要访问实例属性或者调用实例方法,也不需要访问类属性或者调用类方法,这时就可以把这个方法封装成一个静态方法。

静态方法的定义之前需要添加"@ staticmethod"。定义静态方法时,不需要表示访问对象的 self 参数,形式上与普通函数的定义类似。

一个类的所有实例对象共享静态方法,使用静态方法时,既可以通过"实例名 . 静态方法名"来访问,也可以通过"类名 . 静态方法名"来访问。

【例 5.5】　静态方法使用示例。

定义类:

```
class Women():
    gender =' female'
    avg_height =1.6


    def _ _init_ _(self,name,age):              #初始化对象的特征
        print(' this is _ _init_ _')
        self.name =name
        self.age =age


@staticmethod            #既不需要访问实例属性也不需要访问类属性的方法
    def plusNum(x,y):
        return x *  y
```

测试类:

```
w1 =Women(' Lucy' ,18)
w1.plusNum(2,3)                   #访问静态方法一
Women. plusNum(4,3)              #访问静态方法二
```

运行结果：

```
6
12
```

5.4.2　类方法

类方法不对特定实例进行操作,在类方法中访问对象实例属性会出现错误。类方法通过@classmethod 来定义,第一个形式参数必须为类对象本身,通常为 cls。类方法一般通过类名来访问,也可以通过对象实例来调用。

【例 5.6】　定义类方法修改例 5.1 中的平均身高,使其更新为 1.62。

定义类：

```
class Women():
    gender=' female'
    avg_height=1. 6

    def _ _init_ _(self,name,age):
        print(' this is _ _init_ _' )
        self.name=name
        self.age=age

    @classmethod                        #定义类方法
    def modify_height(cls,height):
        cls.avg_height += height
        print(' Now the avg_height is' +str(cls.avg_height))
```

测试类：

```
Women. modify_height(+0. 02)
```

运行结果：

```
Now the avg_height is 1. 62
```

5.4.3　get 和 set 方法

通过给对象的实例属性赋值可以改变该对象的实例属性值,但是这样直接访问数据域会带来一些问题。例如,可能直接设置成不合法的值。因此,为了避免客户端直接修改属性值的问题,Python 提供 get 方法获取返回值,set 方法设置新值。

【例 5.7】 改进例 5.2 中 Circle 类的定义,用 get 和 set 来获取值和设置值。
定义类:

```
class Circle():
    def _ _init_ _(self,r):
        self.radius = r
    def getArea(self):
        return self.radius* self.radius* 3.14

    def getPerimeter(self):
        return self.radius* 3.14* 2

    def getRadius(self):
        return self.radius

    def setRadius(self,r):
        if r>0:
            self.radius=r
        else:
            print("半径 r 有误")
```

测试类:

```
t=Circle(10)
print("圆 t 的半径: ", t.getRadius())
print("t 的面积: ", t.getArea())
print("t 的周长: ", t.getPerimeter())
print(' ——————————————————' )
t.setRadius(8)
print("圆 t 的半径: ", t.getRadius())
print(' ——————————————————' )
t.setRadius(- 8)
print("圆 t 的半径: ", t.getRadius())
```

运行结果:

```
圆 t 的半径: 10
t 的面积: 314.0
t 的周长: 62.800000000000004
——————————————————

圆 t 的半径: 8
——————————————————

半径 r 有误
圆 t 的半径: 8
```

5.5 继承

面向对象编程具有三大特性,即封装性、继承性和多态性,这些特性使程序设计具有良好的扩展性和健壮性。本节将重点介绍面向对象编程的继承性。

5.5.1 继承的概念及语法

继承的基本思想是在一个类的基础上制定出一个新的类,这个新的类不仅可以继承原来类的属性和方法,还可以增加新的属性和方法。原来的类被称为父类,新的类被称为子类。

在 Python 中,继承的语法格式如下:

```
class Sub(Base):
    statement
```

参数说明如下:

Sub:用于指定子类的名字。

Base:用于指定要继承的父类的名字,可以有多个,类名之间用逗号“,”分隔。

statement:类体,主要由方法和属性等定义语句组成。如果在定义类时,没想好类的具体功能,也可以在类体中直接使用 pass 语句代替。

【例 5.8】 创建 Person 类、Teacher(老师)类、Worker(工人)类,并实现继承关系。

定义类:

```
class Person():

    def __init__(self,name,age,salary):
        self.name=name
        self.age=age
        self.salary=salary

    def setSalary(self,salary):
        self.salary=salary

    def getSalary(self,salary):
        return self.salary

class Teacher(Person):                              #子类一
```

```
    def __init__(self,name,age,salary,subject):
        Person.__init__(self,name,age,salary)
        self.subject=subject
        print("我教的科目是",subject)


class Worker(Person):                              #子类二


    def __init__(self,name,age,salary,job):
        Person.__init__(self,name,age,salary)
        self.job=job
        print("我从事的是",job)
```

测试类:

```
p1=Teacher('zhangsan',25,4500,'数学')
p2=Worker('lihua',20,3500,'销售')
```

运行结果:

```
我教的科目是 数学
我从事的是 销售
```

5.5.2　super 函数

如果父类名字修改,那继承该父类的所有子类里面的名称都需要修改,当大量子类继承同一个父类时,修改父类名称将是一个巨大的工程,因此引入 super 函数,它可以简化这一类问题。

【例 5.9】　super 函数使用示例。
定义类:

```
class Women():                                    #父类或基类
    gender='female'
    avg_height=1.6


    def __init__(self,name,age):
        self.name=name
        self.age=age


    def think(self):
        print('thinking')
```

```
class ChineseWomen(Women):
    def _ _init_ _(self,name,age,height):
        self.height=height
        super(ChineseWomen,self)._ _init_ _(name,age)

    def think(self):
        super(ChineseWomen,self).think()
        print(self.name+' is thinking' )
```

测试类：

```
xiaohong=ChineseWomen(' xiaohong' ,18,160)
xiaohong.think()
```

运行结果：

```
thinking
xiaohong is thinking
```

super 函数最大的作用在于：如果需要改变类继承关系，只要改变 class 语句里的父类即可，而不必在大量代码中去修改所有被继承的方法。

5.6 综合案例

【例 5.10】 请为学校图书管理系统设计一个管理员类和一个学生类。其中：管理员信息包括工号、年龄、姓名和工资；学生信息包括学号、年龄、姓名、所借图书和借书日期。最后编写一个测试程序对类的功能进行验证。建议尝试引入一个父类来简化设计。

定义类：

```
class Base:
    def _ _init_ _(self, id, name, age):
        self.id=id
        self.name=name
        self.age=age

class Admin(Base):
    def _ _init_ _(self, id, name, age, wage):
        super()._ _init_ _(id, name, age)
        self.wage=wage
```

```
    def __str__(self):
        return "我是管理员%s,今年%d 岁, 工号:%s, 工资:%d 元/月" % (self.name,self.
        age,self.id,self.wage)


class Student(Base):
    def __init__(self, id, name, age, bookName, borrowDate):
        super().__init__(id, name, age)
        self.bookName=bookName
        self.borrowDate=borrowDate

    def __str__(self):
        return "我是学生%s,今年%d 岁, 学号:%s, 我在%s 借一本书叫«%s»" % (self.
        name, self.age, self.id, self.borrowDate, self.bookName)
```

测试类:

```
admin=Admin("10001", "陈二", 50, 8000)
print(admin.__str__())
student=Student("123456", "张三", 20, "Python 基础", "2022 年 03 月 15 日")
print(student.__str__())
```

运行结果:

```
我是管理员陈二,今年 50 岁, 工号:10001, 工资:8000 元/月
我是学生张三,今年 20 岁, 学号:123456,我在 2022 年 03 月 15 日借一本书叫《Python 基
础》
```

5.7　复习题

一、选择题

1. 关于类和对象的关系,下列描述正确的是(　　　)。

A. 类是面向对象的核心

B. 类是现实中事物的个体

C. 对象是根据类创建的,并且一个类只能对应一个对象

D. 对象描述的是现实的个体,它是类的实例

2. 构造函数的作用是(　　　)。

A. 一般成员方法

B. 类的初始化

C. 对象的初始化

D. 对象的建立

3. 关于 python 类, 说法错误的是(　　　)。

A. 类的实例方法必须创建对象后才可以调用

B. 类的实例方法在创建对象前就可以调用

C. 类的类方法可以用对象和类名来调用

D. 类的静态属性可以用类名和对象来调用

4. 关于面向对象的继承, 以下选项中描述正确的是(　　　)。

A. 继承是指一组对象所具有的相似性质

B. 继承是指类之间共享属性和操作的机制

C. 继承是指各对象之间的共同性质

D. 继承是指一个对象具有另一个对象的性质

5. 下列关于类属性和实例属性的说法, 描述正确的是(　　　)。

A. 类属性既可以显示定义, 又能在方法中定义

B. 公有类属性可以通过类和类的实例访问

C. 通过类可以获取实例属性的值

D. 类的实例只能获取实例属性的值

二、填空

1. Python 使用(　　　　)关键字来定义类。

2. 在现有类基础上构建新类, 新的类称作(　　　　), 现有的类称作(　　　　)。

3. 面向对象程序设计的三个特征是(　　　　)(　　　　)(　　　　)。

4. 在 Python 中, 不论类的名字是什么, 构造函数的名字都是(　　　　)。

5. Python 类中包含一个特殊的变量(　　　　), 它表示当前对象自身, 可以访问类的成员。

三、综合应用

1. 定义一个汽车类(Car), 属性有颜色、品牌、车牌号、价格, 并实例化两个对象, 给属性赋值, 并输入属性值。比如属性为红色、大众、贵 A00000、15000000。

2. 设计一个立方体类 Box, 定义三个属性, 分别是长、宽、高。定义两个方法, 分别计算并输出立方体的体积和表面积。

3. 编写一个学生和教师数据输入和输出的程序。学生数据包括编号、姓名、班号、和成绩; 教师数据包括编号、姓名、职称和部门。要求设计一个 Person 类, 作为学生数据操作类 Student 和教师数据操作类 Teacher 的基类。

4. 学校成员类(schoolMember)具有成员的姓名和人数。教师类(Teacher)继承学校成员类, 具有工资属性。学生类(Student)继承学校成员类, 具有成绩属性。要求: 创建教师和学生对象时, 总人数加 1; 对象减少, 则总人数减 1。

5. 定义一个学校人员类 schoolPerson。其中: 属性为姓名 name、性别 sex、年龄 age; 方法为设置人员的各个属性的 setInfo 方法, 获取各属性值的 getInfo 方法。定义好类以后, 再定义两个人员进行测试。

第6章

模块

每一个以扩展名 . py 结尾的 Python 源代码文件都是一个模块,模块可以方便其他程序导入并使用,从而提高开发效率。本章节将详细介绍模块的自定义和第三方模块的安装。

6.1 自定义模块

自定义模块主要分为两部分,一部分是创建模块,另一部分是导入模块。下面分别进行介绍。

6.1.1 创建模块

创建模块可以将模块中相关的代码(变量定义和函数定义等)编写在一个单独的文件中,并且将该文件命名为"模块名 . py"的形式。

【例 6.1】 定义一个函数,求 n 的阶乘。

创建一个用于计算 n 阶乘的模块,将文件命名为 text. py,关键代码如下所示:

```
def jc(n):
    s=1
    for i in range(1,n+1):
        s*=i
    return s
```

6.1.2 导入模块

这里主要介绍两种导入模块的方法。

方法一:import 模块名。

(1)import 模块名。

下面将导入实例 6.1 所编写的模块 text,并执行该模块中的函数,代码如下:

```
import text                    #导入 text 模块
text.jc(5)                     #执行 jc 函数
运行结果: 120.
```

（2）import 模块名 as 别名。

如果模块名比较长且不容易记住,可以在导入模块时为其设置一个别名。代码如下:

```
import text as t          #导入 text 模块并设置别名为 t
t.jc(5)                   #执行模块中的 jc()函数
```

（3）import 模块名1,模块名2……

当需要同时导入多个模块时,模块名之间使用逗号进行分隔。例如,分别创建了 text. py 和 fib. py 两个模块文件,想要将这两个模块全部导入,可以使用下面的代码:

```
import text,fib
```

方法二:from 模块名 import 成员名。

（1）from 模块名 import 成员名1,成员名2……成员名 n。

如果需要同时导入一个模块中的多个成员,可以采用形式(1),示例如下:

```
from text import jc,add
```

（2）from 模块名 import * 。

如果需要同时导入一个模块中的所有成员,则可以采用形式(2),示例如下:

```
from text import*
```

在使用 from import 语句导入模块中的定义时,需要保证所导入的内容在当前的命名空间中是唯一的,否则将出现冲突,后导入的同名变量、函数或者类会覆盖先导入的,这时就需要使用 import 语句进行导入。

【例 6.2】 导入两个包含同名的模块。

（1）创建长方体模块,对应的文件名为 cub. py,用于计算长方体的体积。代码如下所示:

```
def   v(long,width,height):
    return(long* width* height)
```

（2）创建球形模块,对应的文件名为 sphere. py,用于计算球的体积。代码如下所示:

```
def v(r):
    return 4* 3.14* r* r* r/3
```

（3）创建一个名称为 compute. py 的 Python 文件。在该文件中,首先导入长方体模块,然后导入球体模块,最后分别调用计算长方体体积的函数和计算球体体积的函数。具体代码如下所示:

```
from sphere import *
from cub import *
print("球的体积",v(5))
print("长方体的体积",v(5,3,5))
```

运行结果：

TypeError: v() missing 2 required positional arguments: ' width' and ' height'

这是因为原本想要执行的长方体模块的 $v(\ )$ 函数被球体模块的 $v(\ )$ 函数覆盖了。解决该问题的方法是，不使用 from import 语句导入，而是使用 import 语句导入。修改后的代码如下所示：

```
import sphere as r
import cub as t
print("球的体积",r. v(5))
print("长方体的体积",t. v(5,3,5))
```

运行结果：

```
球的体积 523. 3333333333334
长方体的体积 75
```

6.1.3 搜索路径

Python 模块的导入需要一个路径搜索的过程。

这个搜索路径即一组目录，可以通过 sys 模块中的 path 变量显示出来，代码如下所示：

```
import sys
sys.path
```

路径信息：

```
[' C:\\Users\\Administrator\\模块',
' D:\\anaconda\\python37. zip',
' D:\\anaconda\\DLLs',
' D:\\anaconda\\lib',
' C:\\Users\\Administrator\\. ipython' ]
```

列出的这些路径都是 Python 在导入模块操作时会去搜索的。如果按下面方式导入模块：

```
import text1                        #导入 text1 模块
text1. add(10,7)                    #执行 add 函数
```

会提示如下错误：

ModuleNotFoundError: No module named ' text1'

因为搜索路径并不包含模块所在的位置。为解决这个问题，可以把模块所在的位置添加到搜索路径中。代码如下所示：

```
import sys
sys. path. append(' F:\代码块')
sys. path
```

路径信息：

```
[' C:\\Users\\Administrator\\模块',
' D:\\anaconda\\python37. zip',
' D:\\anaconda\\DLLs',
' D:\\anaconda\\lib',
……
' F:\\代码块',
' F:\\代码块' ]
```

再调用就可以正常运行了。代码如下所示：

```
import text1                        #导入 text1 模块
text1. add(10,7)                    #执行 add 函数
```

运行结果：17

6.2 包

包是一个分层次的目录结构,它将一组功能相近的模块组织在一个目录下。这样,既可以起到规范代码的作用,又能避免模块名重名引起的冲突。

简单来说,包就是文件夹,且该文件夹下必须有__init__. py 文件, 该文件的内容可以为空。

6.2.1 创建包

创建一个包的具体操作如下：
(1)创建一个文件夹,文件夹的名字即包的名字。
(2)在文件夹中创建一个__init__. py 的模块文件,内容可以为空。
(3)将相关的模块放入文件夹中。

6.2.2 使用包

假如有一个名称为 package1 的包,在该包下有一个名称为 text4 的模块,模块下有一个 add( )函数,那么要导入 add( )函数,有以下三种方法。

方法一：import 完整包名. 模块名。

代码如下：

```
import package1.text4
package1.text4.add(5,6)
```

运行结果：

```
11
```

方法二：from 完整包名 import 模块名。
代码如下：

```
from package1 import text4
text4.add(5,6)
```

运行结果：

```
11
```

方法三：from 完整包名.模块名 import 成员名。
代码如下：

```
from package1.text4 import add
add(5,6)
```

运行结果：

```
11
```

在通过"from 完整包名.模块名 import 成员名"形式加载指定模块时，可以使用星号
" * "代替成员名，表示加载该模块下的全部成员。

6.3 标准库

前面几节介绍了自定义模块和包，Python 官方也提供了不少模块和包，这些称为标
准库。

Python 标准库会随着 Python 解释器一起安装到电脑中。本节将会介绍一些常用的标
准库中的模块。

6.3.1 math

表 6-1 为 math 模块的常见应用。

表 6-1　math 模块的常见应用

序号	分类	关键字/函数/方法	说明
1	常量	math. pi	圆周率：3.141592653589793
		math. e	自然常数：2.718281828459045
2	取整	math. ceil(浮点数)	向上取整
		math. floor(浮点数)	向下取整
3	运算	math. pow(底数,指数)	指数运算
		math. log(真数,底数)	对数运算
		math. sqrt(数字)	平方根计算

6.3.2　random

表 6-2 为 random 模块常见应用。

表 6-2　random 模块常见应用

序号	分类	关键字/函数/方法	说明
1	生成随机数	random. random( )	输出一个 0 到 1 之间的随机数,并且每次运行结果都会不一样
		random. uniform(a,b)	输出一个 a 到 b 之间的随机浮点数,并且每次运行结果都会不一样
		random. randint(a,b)	输出一个 a 到 b 之间的随机整数,并且每次运行结果都会不一样。
2	选择	random. choice(seq)	从给定的序列中随机选择一个元素输出,序列可以是列表或者元组
3	打乱顺序	random. shuffle(list)	用于将一个列表中的元素打乱

6.4　第三方库的安装

在进行 Python 程序开发时,除了可以使用 Python 内置的标准模块外,还有很多第三方模块,如 NumPy,Pandas,Matplotlib,Requests 等可以使用,这些将在后续章节中详细介绍。对于这些第三方模块,可以在 Python 官方推出的 https://pypi.org/中找到。

在使用第三方模块前,需要先下载并安装该模块,下载和安装可以使用 Python 提供的 pip 命令实现。pip 命令的语法格式如下:

```
pip<command>[modulename]
```

参数说明：

command：用于指定要执行的命令。常用的参数值有 install（用于安装第三方模块）、uninstall（用于卸载已经安装的第三方模块）、list（用于显示已经安装的第三方模块）等。

modulename：可选参数，用于指定要安装或者卸载的模块名；当 command 为 install 或者 uninstall 时不能省略。

我们以安装 opencv（决策树可视化模块）为例介绍安装第三方模块的具体步骤。

第一步：打开 Anaconda Powershell Prompt，如图 6-1 所示。

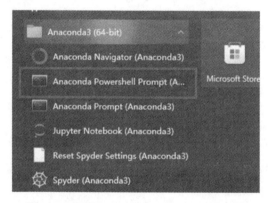

图 6-1　打开 Anaconda Powershell Prompt

第二步：在命令行输入：CD 镜像文件所在的路径（如安装包放在了 F 盘则直接输入 F：\即可），如图 6-2 所示。

图 6-2　在命令行输入：CD 镜像文件所在的路径

第三步：执行安装命令 pip install.\文件全称。例如镜像文件的全称为 opencv_python-4.5.4.58- cp38- cp38- win_amd64. whl。具体输入如图 6-3 所示。

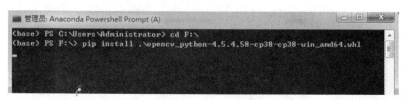

图 6-3　执行安装命令

第四步:出现如下提示文字,表示已安装成功。

```
Installing collected packages: opencv-python
Successfully installed opencv-python-4.5.4.58
```

如果想要查看 Python 中都有哪些模块(包括标准模块和第三方模块),可以输入以下命令。

help module

如果只是想要查看已经安装的第三方模块,可以在命令行窗口中输入以下命令。

pip list

可以看到刚才安装的第三方模块已经出现在下面。

opencv- python   4. 5. 4. 58

6.5　综合案例

【例 6.3】　输入 n 为偶数时,调用函数求 $1/2+1/4+\cdots+1/n$;输入 n 为奇数时,调用函数求 $1/1+1/3+\cdots+1/n$。

主程序如下所示:

```python
def main(x):
    if n % 2==0:
        print(asum(n))
    else:
        print(bsum(n))


def asum(n):
    nsum=0
    for i in range(1, int(n / 2 + 1)):
        nsum+=1 / (2 * i)
    return nsum


def bsum(n):
    nsum=0
    for i in range(1, int(n / 2 + 1)):
        nsum+=1 / (2 * i - 1)
    return nsum
```

6.6 复习题

一、选择题

1. 导入模块的方式错误的是(　　)。

A. import mod   B. from mod import *

C. import mod as m   D. import m from mod

2. 以下关于模块说法错误的是(　　)。

A. 一个 xx. py 就是一个模块

B. 任何一个普通的 xx. py 文件可以作为模块导入

C. 模块文件的扩展名不一定是 . py

D. 运行时会从制定的目录搜索导入的模块,如果没有,会报错异常

3. 下列关键字中,用来引入模块的是(　　)。

A. include　　　B. from　　　C. import　　　D. continue

4. 以下关于 random 库的描述,正确的是(　　)。

A. 设定相同种子,每次调用随机函数生成的随机数不相同

B. 通过 from random import * 引入 random 随机库的部分函数

C. uniform(0,1)与 uniform(0.0,1.0)的输出结果不同,前者输出随机整数,后者随机小数

D. randint(a,b)是生成一个[a,b]之间的整数

5. 关于 random. uniform(a,b)的作用描述,以下选项中正确的是(　　)。

A. 生成一个[a,b]之间的随机小数

B. 生成一个均值为 a,方差为 b 的正态分布

C. 生成一个(a,b)之间的随机数

D. 生成一个[a,b]之间的随机整数

二、填空题

1. 设 Python 中有模块 m,如果希望同时导入 m 中的所有成员,则可以采用(　　)的导入形式。

2. Python 中每个模块都有一个名称,通过特殊变量(　　)可以获取模块的名称。当一个模块被用户单独运行时,模块名称为(　　)。

3. 建立模块 a. py,模块内容如下:

```
def B( ):
    print(' BBB' )
def A():
    print(' AAA' )
```

为了调用模块中的 A( )函数,应先使用语句(　　)。

4. 要调用 random 模块的 randint 函数,书写形式为(　　)。

5. 为了更好地组织模块,通常会把多个模块放在一个(　　)中。

6. 如果要搜索模块的路径,可以使用(　　　)模块的 path 变量。

三、综合题

1. 编写程序,计算三维坐标中的点 $x = (5,6,7)$ 和 $y = (8,9,9)$ 之间的距离。

2. 输入直角三角形的两个直角边的边长 a 和 b,要求计算出其斜边边长,要求使用 math 模块,并输出计算结果,结果保留小数点后三位小数。

3. 一个数如果恰好等于它的因子之和,这个数就称为"完数"。编程输入一个数字,判断它是否为完数。

4. 利用条件运算符的嵌套来完成此题:学习成绩 $\geqslant 90$ 分的同学用 A 表示,$60 \sim 89$ 分之间的用 B 表示,60 分以下的用 C 表示。

5. 输入 2 个正整数,输出它们的最小公倍数。

第7章

Python 爬虫的简单应用

　　随着自媒体、移动网络通信、云存储等技术不断在互联网领域深化、普及,使当今网络环境日趋复杂。最明显的特点就是网页、网址充斥着海量数据,而且其价值密度随之降低。因此很多编程语言和数据分析软件都致力于数据采集、挖掘、分析功能的开发与应用。而Python 在第三方库的支持下,并结合互联网数据分布特点拓展出爬虫功能。

　　在前面的几个章节中,主要讲解了有关 Python 的基础操作和高级应用,以及有关编程的基本概念。但如果将 Python 应用到实际的工作生活中,必须将前面几章的内容与第三方库相结合,同时还要了解一些有关网络前端、统计学等相关知识。接下来的几个章节中,主要介绍 Python 如何利用 lxml、requests、numpy、pandas 等第三方库来解决网络数据的采集(爬虫)、挖掘、分析和可视化等实际问题。

7.1　爬虫概述

　　爬虫,即网络爬虫。是模拟人的浏览、访问网页行为来进行数据的批量抓取。人们在从网页获取信息时,常规做法是打开网页,点开链接,浏览、寻找有用信息,然后对其进行复制或截取,保存到一个表格或数据库中。而爬虫就是用 Python、Java 等编程语言编辑一种程序,来模仿人的以上网络行为。以此高效地从网页中获取海量相关数据。因为网络工程师形象地将互联网比喻成蜘蛛网,数据就是粘在网上的猎物,而为获取数据编辑的程序就像是蜘蛛一样,将网上的"猎物"爬取下来,故命名为"爬虫"。图 7-1 所示为爬虫原理。

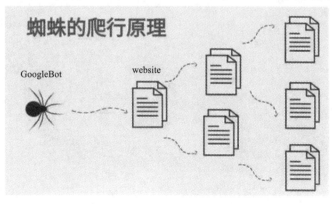

图 7-1　爬虫原理

为了更好地理解爬虫这个概念,可以通过一个简单的例子来进行说明,如图 7-2 所示的一个某高校网页,如果获取网页中八个学院的名字,常规操作应是:选中-复制-粘贴。

图 7-2　普通复制页面

而用爬虫则是以代码形式访问网页,并调取一些库中函数来获取信息。如下操作。

通过上面的例子可以看出,爬虫的本质就是一组程序。该程序可以不断地重复"访问-选中-复制-粘贴"等用户的网页操作行为。从而在短时间内获取大量数据。

```
from 1xml.html import fromstring
with open("D:/桌面/pythonProject/temp.html","r", encoding="utf-8") as f:
    data=f.read()
s=fromstring (data)
s.xpath("/html/body/h1/text()")
["信息学院","管理学院","大数据学院","工程学院","理学院","文学院","医学院","商学院"]
for i in s.xpath("/html/body/h1/text()" ):
    print(i)
```

得到结果如下:

```
信息学院
管理学院
大数据学院
工程学院
理学院
文学院
医学院
商学院
```

爬虫在当今大数据时代发挥着重要作用。学者们普遍认为,大数据技术包含四个阶段:数据的采集与预处理、数据存储与管理、数据处理与分析、数据可视化。而第一个阶段的数据采集普遍采用爬虫技术。如国内外比较有名的搜索引擎百度、谷歌等,都是用爬虫技术根据用户在搜索栏中的关键词将相关网址爬取下来,以供用户选择。同时还有一些功能性的平台如 58 同城、去哪儿旅行、天眼查等都离不开爬虫技术在背后提供的数据支撑。图 7-3 所示爬虫在大数据技术中的地位及作用。

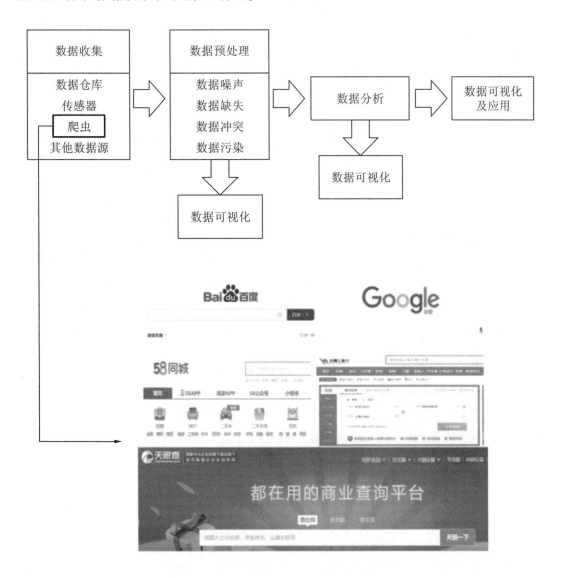

图 7-3　爬虫在大数据技术中的地位及作用

根据不同的目的、形式或方法,可将爬虫分为以下几类(表 7-1)。

表 7-1　爬虫的分类

序号	分类依据	种类	具体示例
1	被爬取网站的数量	通用爬虫	搜索引擎
2		聚焦爬虫	12306 抢票
3	是否以获取数据为目的	功能性爬虫	给你喜欢的投票、点赞
4		数据增量爬虫	招聘信息
5	URL 地址和对应的页面内容是否改变	基于 URL 地址变化,内容也随之变化的数据增量爬虫	
6		URL 地址不变,内容变化的数据增量爬虫	

本书针对的学习对象主要是非计算机或大数据专业的读者,因此下文所重点讲解的是第 1、第 5 和第 6 种爬虫类型。

7.2　网页前端相关知识简介

由于爬虫技术主要针对的是网页上的数据,所以在用 Python 学习爬虫之前必须掌握一些有关网页前端的相关知识。另外,第三方库中有部分方法、函数在爬虫过程中也发挥着重要作用。因此在正式学习本章节之前先了解一下相关的基础知识,以便后续学习。

7.2.1　HTML 语言文本

HTML(hyper text mark up language),中文全名叫作超文本标记语言,超文本标记语言能够在文本内插入图片、音频、视频、超链接等。HTML 是网页内容的载体。网页内容指网页制作者放在页面上想要让用户浏览的信息,可以包含文字、图片、视频等。

设计 HTML 语言的目的是为了把存放在一台电脑中的文本或图形与另一台电脑中的文本或图形便利地联系在一起,形成有机的整体。将所需要表达的信息按某种规则写成 HTML 文件,通过专用的浏览器来识别,并将这些 HTML 文件"翻译"成可以识别的信息,即现在所见到的网页。这样用户只需用鼠标在某一文档中点取一个图标,Internet 就会马上跳转并显示与此图标相关的内容。

HTML 作为通用的网页标记语言,有其独特的结构。总体上包括头部(head)、主体(body)两大部分。同时,主体部分还有很多标签(如 h1、h2、div 等),用来标识不同的网页内容。为了有更直观的了解,接下来本书用 PyCharm 软件来演示网页的基本结构。

【**例 7.1**】 用 PyCharm 创建一个静态网页①。

(1)在电脑某一位置新建文件夹,命名为"net"。如图 7-4 所示。

图 7-4 创建文件夹

(2)启动 PyCharm,此打开 net 文件夹。如图 7-5、图 7-6 所示。

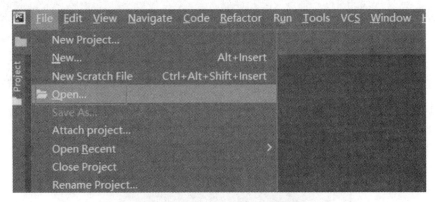

图 7-5 用 **PyCharm** 打开文件夹

图 7-6 选中项目(即文件夹 **net**)

---

① 静态网页:在网站设计中,纯粹 HTML 格式的网页通常被称为静态网页,静态网页是标准的 HTML 文件,它的文件扩展名是 .htm、.html,可以包含文本、图像、声音、Flash 动画、客户端脚本和 ActiveX 控件及 Java 小程序等。

（3）单击"net"，选中"New"—"HTML File"。如图 7-7 所示。

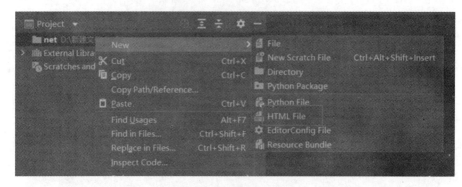

图7-7　选中超文本文件

（4）在弹出的对话框中输入"网页示例"，默认选择"HTML 5 file"格式（图 7-8），进入网页的编辑界面（图 7-9）

图7-8　超文本文件命名

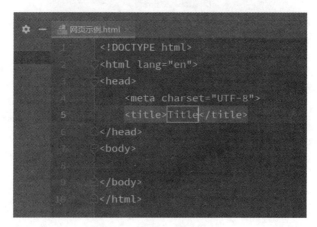

图7-9　超文本编辑界面

如图 7-8 所示,新建的超文本文件"网页示例"的后缀名是".html",并且自动生成了头部(head)、主体(body)两部分。

在主体部分中,还可以输入不同的标签来显示、标识不同的网页内容,如图 7-10 所示。

```html
<!DOCTYPE html>
<html lang="en">
<head>
    <meta charset="UTF-8">
    <title>爬虫</title>
</head>
<body>
    <h1>python</h1>
    <h3>python</h3>
    <h6>python</h6>
    <p><b>python</b></p>
    <p><i>python</i> </p>
    <p><u>python</u> </p>
    <p><tt>python</tt></p>
    <p><cite>python</cite></p>
    <p><em>python</em></p>
    <p><strong>python</strong></p>

</body>
</html>
```

图 7-10　编辑网页

以上为用 PyCharm 设计网页的步骤。如果要浏览设计结果,可以打开"net"文件夹中的"网页示例.html",如图 7-11 所示。

图 7-11　进入网页

在 PyCharm 的网页设计界面中,"<h1>""<h3>"等是标识网页中的部分内容,类似于文档中的标题样式,具体代表含义见表 7-2。

表7-2　超文本符号与含义

符号	含义
< html >	网页页面开头
<head>	头部开头
<title></title>	网页标题
</head>	头部结尾
<body>	主体开头
<h1></h1>	最大的标题
<h3></h3>	使用 h3 的标题
<h6></h6>	最小的标题
<a></a>	超链接
<p><b></b></p>	黑体字文本
<p><i></i></p>	斜体字文本
<p><u></u></p>	下加一划线文本
<p><tt></tt></p>	打字机风格的文本
<p><cite></cite></p>	引用方式的文本
<p><em></em></p>	强调的文本
<p><strong></strong></p>	加重的文本
</body>	主体结尾
</ html >	网页结尾

7.2.2　URL 概述

URL 是统一资源定位符,是互联网上标准资源的地址。互联网上的每个文件都有唯一的一个的 URL,它包含的信息指出文件的位置以及浏览器应该怎么处理它。

基本 URL 包含:模式(或称协议)、服务器名称(或 IP 地址/网址)、路径和文件名,协议部分则以"//"为分隔符,如"协议://授权/路径? 查询"。其一般语法格式为:

protocol://hostname[:port]/path/[;parameters][?query]#fragmen

1. URL 的组成结构

第一部分:模式/协议(scheme),它告诉浏览器如何处理将要打开的文件。最常用的模式是超文本传输协议(即 HTTP),这个协议可以用来访问网络。在地址栏输入一个网址时,协议部分是不用输入的,浏览器会自动补上默认的 HTTP 协议。

其他协议见表 7-3。

表 7-3　网络协议

英文缩写	协议
HTTP	超文本传输协议
HTTPS	用安全套接字层传送的超文本传输协议
FTP	文件传输协议
mailto	电子邮件地址
LDAP	轻型目录访问协议搜索
file	当地电脑或网上分享的文件
news	Usenet 新闻组
Gopher	Gopher 协议
Telnet	Telnet 协议

第二部分:文件所在的服务器的名称或 IP 地址后是到达这个文件的路径和文件本身的名称。服务器的名称或 IP 地址后面有时还跟一个冒号和一个端口号,还可以包含接触服务器必需的用户名称和密码。

路径部分包含等级结构的路径定义,一般来说不同部分之间以斜线(/)分隔。询问部分一般用来传送对服务器上的数据库进行动态询问时所需要的参数。

域名的最右边就是顶级域名,常见的比如:". com"表示商业机构,". org"表示非营利性组织,". gov"表示政府机构,". edu"表示教育及科研机构。有些总公司的下属分公司或者公司下设的其他产品网站,会使用一个与域名类似的二级域名。

在 URL 以斜杠"/"结尾,而没有给出文件名的情况下,URL 引用路径中最后一个目录中的默认文件(通常对应于主页),这个文件常常被称为"index. html"或"default. htm"。

2. URL 分类

URL 可以分为绝对的和相对的,其中绝对 URL(absolute URL)显示文件的完整路径,这意味着绝对 URL 本身所在的位置与被引用的实际文件的位置无关;相对 URL(relative URL)以包含 URL 本身的文件夹的位置为参考点,描述目标文件夹的位置。

如果目标文件与当前页面(也就是包含 URL 的页面)在同一个目录,那么这个文件的相对 URL 仅仅是文件名和扩展名;如果目标文件在当前目录的子目录中,那么它的相对 URL 是子目录名,后面是斜杠以及目标文件的文件名和扩展名。

如果要引用文件层次结构中更高层目录中的文件,则使用两个句点和一条斜杠。可以组合和重复使用两个句点和一条斜杠,引用当前文件所在的硬盘上的任何文件。一般来说,对于同一服务器上的文件,应该总是使用相对 URL。它们更容易输入,在将页面从本地系统转移到服务器上时更方便,只要每个文件的相对位置保持不变,链接就仍然有效。

7.2.3 HTTP 的请求与响应

客户端在用浏览器查询资料、浏览网页时,主要是通过浏览器向服务器发出请求,再通过 HTTP 协议使浏览器窗口展示客户端所选择的网络资源。这一通信过程统称为请求与响应。原理如图 7-12 所示。

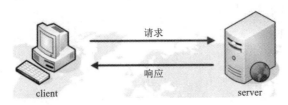

图 7-12　请求与相应

以百度为例,当用户在浏览器的地址栏中输入一个 URL 并按回车键之后,浏览器会用 "get" 或 "post" 两种方法向 HTTP 服务器发送 HTTP 请求,如图 7-13 所示。

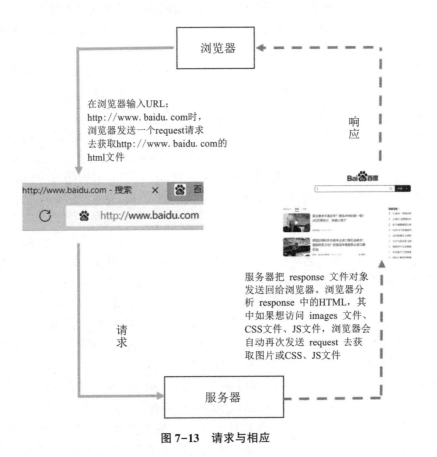

图 7-13　请求与相应

7.2.4　网页的基本操作

由于浏览器的不同,网页的相关操作也会有略微差异。接下来以微软的 Edge 浏览器为例,讲解网页的内部结构。

1. 查看源代码

在某一网页中单击右键,选择"查看源代码",并进入源代码界面(图 7-14)。

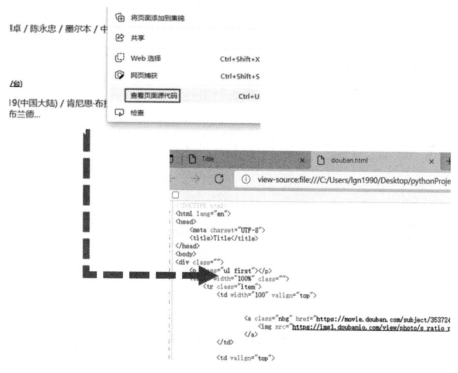

图 7-14　查看源代码

2. 开发工具界面功能

在网页中单击右键,选择"检查",或者点击快捷键"F12",在网页右侧进入开发工具界面。

在此界面中,有"元素""控制台""源代码""网络"等选项,其中"网络"在爬虫中发挥重要作用。

7.2.5 抓包及获取报头

在上面的开发工具界面中,其中的"网路"选项在爬虫中的主要作用是抓包和获取报头。

抓包是获取网页中的数据包。在网页中所显示的图片、文字、视频、音频等内容背后都有对应的服务器存储地址、请求方法、状态代码、远程地址等信息,即 URL。获取这些地址的行为称为抓包。以获取某一网站的一张图片的 URL 为例,具体操作如下。

步骤 1:打开网站,进入开发工具界面(图 7-15),点击"网络"(图 7-16),点击网络界面下方的"媒体"(图 7-16)。

图 7-15 开发工具界面

图 7-16 开发工具网络界面

步骤2:将光标放在页面其他位置,点击 F5 刷新后会显示图片信息,如图 7-17 所示。

图 7-17　F5 刷新

步骤3:在图片信息中,会看到图片类型(如"jpeg""png"等常用的图片类型)的名称,点击其中一个。

如图 7-18 所示,右侧的"请求 URL"所显示的链接为该图片的地址,即所谓的数据包。而"响应头"下方的信息为报头。

图 7-18　抓包与报头

7.2.6　XML 文件

XML(extensible markup language)，即可扩展标记语言。它是标准通用标记语言的子集，是一种用于标记电子文件使其具有结构性的标记语言。在电子计算机中,标记指计算机所能理解的信息符号。通过此种标记,计算机之间可以处理包含各种信息的文件,比如文章等。它可以用来标记数据、定义数据类型,是一种允许用户对自己的标记语言进行定义的源语言。

在高级爬虫中还有一些概念需要掌握,如 Cookie、Accept-Encoding 等。

7.3　文件操作

学习爬虫之前除了掌握必要的网页前端概念外,还有 Python 中的部分知识点也发挥着重要作用,如文件的读取和写入、正则表达式、第三方库的应用等。接下来主要梳理以上Python 相关知识点。

7.3.1　文件的读取

在人为访问网页时,用户只是用鼠标点击浏览器的相关链接即可。但用编程语言爬取时,必须用特殊的语句来访问页面。在 Python 中主要是 open 函数。具体内容如下:

open(文件的位置,读取方式,编码格式)

其参数具体含义如下。

文件的位置:分为绝对路径和相对路径。

读取方式:分为"r""w""a""wb"等。分别代表只读、只写、追加和输入二进制代码。

编码格式:一般情况下默认为"UTF-8"。

接下来以简单的例子详细解释如何用 open 函数来读取文件。

【例 7.2】　如图 7-20 所示,读取并写入文件"长恨歌.txt"。

图 7-19　例 7.2 素材

步骤 1:在 Ancanda 代码输入框中,输入 open 函数,并根据上文内容输入相关参数。将相关参数复制给变量 f,点击运行。具体操作如下:

```
f=open(r"D:\新建文件夹(2)\net\长恨歌.txt","r", encoding="utf-8")
#在复制路径时,如果是"\",应替换成"/". 或者在路径前面加上"r"
#"r"是"read"简写,即只能读取,不能修改文件
#除了复制文件路径,还要输入文件名及后缀,如"长恨歌.txt"
```

步骤2:调取 read( )方法,并赋值给变量 data。然后打印 data,即可读取文件。具体操作如下:

```
data=f.read()
print (data)
```

输出结果:

```
长恨歌
白居易
汉皇重色思倾国,御宇多年求不得.
杨家有女初长成,养在深闺人未识.
天生丽质难自弃,一朝选在君王侧.
回眸一笑百媚生,六宫粉黛无颜色.
春寒赐浴华清池,温泉水滑洗凝脂.
侍儿扶起娇无力,始是新承恩泽时.
云鬓花颜金步摇,芙蓉帐暖度春宵.
```

(注:节选部分)

7.3.2　文件的追加

文件的追加是指在原有文件内容的后面添加新的内容。而读取只能浏览文件,不能填写内容。具体应用见例7.3。

【例7.3】　在上例"长恨歌.txt"文件中添加如下内容:"白居易(772—846年),字乐天,号香山居士,又号醉吟先生,祖籍山西太原,到其曾祖父时迁居下邽,生于河南新郑。"

具体步骤如下。

步骤1:在例7.2的文档后面增加本例题要求的作者简介。

复制之前的 open 函数到新的代码块中,修改第二个参数为"a",重新赋值给变量 $f1$,并调取 $f1$ 中的 write 方法。

步骤2:在 write 方法里填入增加内容,然后在新的代码块中调取 $f1$ 的 close 方法,并点击运行。操作如下:

```
f1=open(r"D:\新建文件夹(2)\net\长恨歌.txt","a", encoding="utf-8")
#"a"代表"append",即原有文件内容基础上追加内容
f1.write("白居易(772—846年),字乐天,号香山居士,又号醉吟先生,祖籍山西太原,到其曾祖父时迁居下邽,生于河南新郑. ")
f1.close()
#此方法为关闭文件
```

步骤 3：打开"长恨歌.txt"，在文件尾部会出现追加的内容，如图 7-20 所示。

图 7-20 查看追加内容

7.3.3 文件的写入

文件的写入是指输入新的内容替换原来的内容。此项操作与追加的区别为：追加是在原有内容基础上续写新的内容，原有的内容不变。写入是将原有的内容消失，由新的内容顶替。

下面通过案例来解读文档的写入。

【例 7.4】 在"乌衣巷.txt"文件中写入如下内容："朱雀桥边野草花，乌衣巷口夕阳斜。旧时王谢堂前燕，飞入寻常百姓家。"

再将如下内容替换上面的内容："刘禹锡(772—842 年)，字梦得，籍贯河南洛阳，生于河南郑州荥阳，自述'家本荥上，籍占洛阳'，其先祖为中山靖王刘胜。唐朝时期大臣、文学家、哲学家，有'诗豪'之称。"

具体步骤如下。

步骤 1：复制之前的 open 函数到新的代码块中，在第一个参数路径中，将原来的"长恨歌.txt"改为"乌衣巷.txt"；修改第二个参数为"w"，并重新赋值给变量 f2，并调取 f2 中的write 方法。

步骤 2：在 write 方法里填入例题所要求的内容，然后在新的代码块中调取 f2 的 close 方法。操作如下：

```
f2 = open(r "D:\新建文件夹(2)\net\乌衣巷.txt","w", encoding = "utf- 8")
#1"w"代表"write"，即在文件中输入新内容
#2 如果文件不存在，则新生成文件.如果存在则覆盖写入
f2. write("朱雀桥边野草花, 乌衣巷口夕阳斜.旧时王谢堂前燕, 飞入寻常百姓家")
f2. close()
```

然后按"D:\新建文件夹(2)\net\乌衣巷.txt"路径找到新生成的文档"乌衣巷.txt",点开后即可浏览相应内容,如图 7-21 所示。

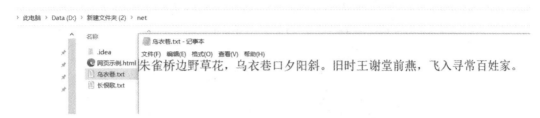

图 7-21　读取写入的文件

步骤 3:复制步骤 1 的 open 函数到新的代码块,并赋值给新的变量 *f*3,并同样调取 write 函数。在括号里输入题目中的替换内容,然后调取 close 方法。操作如下:

f3=open("D:\新建文件夹(2)\net\乌衣巷.txt","w", encoding="utf- 8")
f3.write("刘禹锡(772 年 842 年),字梦得,籍贯河南洛阳,生于河南郑州荥阳,自述"家本
"家本荥上,籍占洛阳",其先祖为中山靖王刘胜.唐朝时期大臣、文学家、哲学家,有"诗豪"
之称.")
f3.close()

步骤 4:重新打开"乌衣巷.txt",可知内容被替换,如图 7-22 所示。

新建文件夹 (2) > net

乌衣巷.txt - 记事本

文件(F) 编辑(E) 格式(O) 查看(V) 帮助(H)

刘禹锡（772 — 842年）, 字梦得, 籍贯河南洛阳, 生于河南郑州荥阳, 自述 "家本荥上, 籍占洛阳", 其先祖为中山靖王刘胜。唐朝时期大臣、文学家、哲学家, 有 "诗豪" 之称。

图 7-22　查看内容

同时文件写入还有一个特点:如果路径中没有此文件,则会在此路径中新生成该文件,并会显示写入内容。

【例 7.5】　在 D 盘名为"Python"的文件夹中生成新的文本文档,名为"静夜思"。文档内容如下:"床前明月光,疑是地上霜。举头望明月,低头思故乡。"

在解题前,按照题目路径打开 Python 文件夹,如图 7-23 所示。

解析步骤如下。

步骤 1:输入 open 函数,路径为"D:\Python\静夜思.txt"。第二个和第三个参数仍为"w","encoding='utf-8'",并赋值给变量 f4。调取 write 方法,输入题目要求的内容,具体操作如下:

f4=open("D:\Python\静夜思.txt", "w", encoding=" utf- 8")
f4. write("床前明月光,疑是地上霜.举头望明月,低头思故乡.")

图 7-23　查看空文件

步骤 2：按"D：\Python"路径打开，新文档"静夜思"出现，如图 7-24 所示。

图 7-24　查看新生成文档

7.3.4　with open 语句

open 函数同时也可以与"with…as…"语句搭配使用。如读取文件"长恨歌 . txt"，执行如下操作：

```
with open(r"D:\新建文件夹(2)\net\长恨歌.txt","r", encoding = "utf- 8") as f:
    data＝f.read()
```

注意，在复制路径时，如果是"\"，应替换成"/"。或者在路径前面加上"r"。with open 语句结尾加英文冒号。输入：

```
print (data)
```

结果如下：

```
长恨歌
白居易
汉皇重色思倾国,御宇多年求不得.
杨家有女初长成,养在深闺人未识.
天生丽质难自弃,一朝选在君王侧..
回眸一笑百媚生,六宫粉黛无颜色.
春寒赐浴华清池,温泉水滑洗凝脂.
侍儿扶起娇无力,始是新承恩泽时.
```

（注：结果截取部分）

以上则是文件读写的主要内容。在后面的爬虫案例中 open 函数的主要作用是读取以
HTML 文件为主的静态网页。

7.4　正则表达式概述

正则表达式是指用某种规则来匹配符合条件的字符序列。这一功能在某种程度上类似
于 Word 文档中的"查询\替换"。为方便读者理解,现以在 Word 文档(MS Office 2016)的字
符串"apple banana lion tiger orange"中筛选出"tiger"为例说明。

图 7-25　Word 查询操作

正则表达式的操作如下:

```
import re
a="apple | banana |lion|tiger|orange"        #将字符串赋值给变量 a
re. findall("tiger",a)
```

结果如下:

```
[' tiger' ]
```

正则表达式在日常的工作学习中应用广泛,从上例中可看出它可以充当 Word 文档中
的"查找/替换"功能。例如在文档中使用一个正则表达式来标识特定文字,然后全部将其
删除,或替换为其他文字。同时还可以测试字符串的某个模式。比如可以对一个输入字符
串进行测试,看在该字符串是否存在一个电话号码或一个身份证号码,即数据有效性验证。

不过正则表达式最常见的应用是在爬虫时批量截取网页中被标签包住的文本信息。在
上文网页前端知识介绍中,详细讲解了 HTML 文本的结构。其中主体(body)很多内容(如
视频、图片和文字等)都是被各种各样的标签(如<h1></h1>、<p></p>、<div></div>、<a>
</a>等)所包裹。而利用爬虫来爬取相应信息时,如何将这些被包裹的信息从标签中提取
出来,则需要正则表达式的介入。接下来通过一个简单的例子来说明正则表达式的应用。

【例 7.6】 爬取淘宝网站的标题。

具体操作步骤如下：

```
from urllib.request import urlopen
url = "http://www. taobao. com"
taobao = urlopen(url).read()
import re                         #调取正则表达式 re 模块
re. findall(r"<title>(.+?)</title>", taobao. decode ())
#正则表达式,爬取网页中的标题
结果如下:
[' 淘宝网- 淘!我喜欢']
```

爬取时除了用到相关的第三方库访问网页之外,最主要操作是利用 re 模块调取 findall ()方法,将网站的 HTML 文本中<title></title>里的标题内容爬取下来。当然也可以爬取其他内容,如淘宝网的商品相关超链接信息,主要在标签<a></a>中。

以上是正则表达式在爬虫中的主要作用。下面将讲解正则表达式的具体内容。

7.4.1　re 模块简介

正则表达式所有相关程序都在 re 内置模块中,所以在调用正则表达式相关函数之前,应先调取 re 模块。常用的正则函数见表 7-4。

表 7-4　常用正则函数

函数	功能
findall	查找、匹配
match	查找、匹配第一个匹配对象
search	
sub	替换

7.4.2　findall 函数

在表 7-4 中最常用的是 findall 函数,它包含三个参数:

import re

re. findall(匹配的规则,被匹配的字符串,匹配的特定条件)

匹配的特定条件:为可选参数,如果没有特定条件,可以不输入。

本书通过例 7.7 来详细讲解这三个参数的应用。

【例 7.7】 变量 a 被赋值字符串"apple LION lion tiger orange",并将"lion"匹配出来。

具体代码如下:

```
a="aplle LION lion tiger orange"
import re                                    #调取 re
re.findall("lion",a)
#输入第一个参数,即匹配规则"lion", 两侧应加英文双引号
#输入第二个参数,即匹配的字符串 a
#第三个参数暂不输入
```

结果如下:

```
[' lion' ]
```

现只匹配到小写的"lion",若将大写的"LION"匹配出来则需要第三个参数的介入,执行如下操作:

```
a="apple LION lion tiger orange"
import re                                    # 调取 re
re.findall("lion",a,re. I①)
```

在这里 re. I 是指部分大小写。得到结果如下:

```
[' LION' , ' lion' ]
```

7. 4. 3　match 和 search 函数

除了 findall 函数,在表 7-4 中还有其他三个函数的应用。这里 match 和 search 虽然都是匹配第一个匹配对象,但两者之间还是有一定的区别。

1. match 函数的应用

该函数具体参数书写如下:

```
import re
re.match(匹配的规则,被匹配的字符串,匹配的特定条件)
```

其函数的作用:从首字符开始匹配,若首字符不匹配,则返回 none;如匹配则返回第一个匹配对象。

【例 7.8】　用 match 函数匹配变量 m 和 n 中的"a"。

具体操作如下:

```
m="a123a456a789"
n="1a123a456a789"
re.match("a",m)
#匹配则返回第一个匹配对象
```

---

① 第三个参数除了"re. I"的形式外, 还有"re. S"等.

结果如下:

<re.Match object; span=(0, 1), match=' a' >

```
#"span=(0, 1)"代表匹配的位置
#"match=' a' "代表匹配的内容
re.match("a", n)
#首字母不匹配,则返回 none
```

如果匹配出相应内容,则应调取 group( )方法。具体操作如下:

```
re. match("a",m).group ()
```

结果如下:

```
"a"
```

2. search 函数的应用

search 函数的参数内容具体如下:

```
import re
re.search(匹配的规则,被匹配的字符串,匹配的特定条件)
```

其函数作用:搜索整个字符串,若全不匹配,则返回 none;如匹配则返回第一个匹配对象。

【例 7.9】 用 search 函数匹配变量 c 和 d 中的"a"。
具体操作如下:

```
c="b123a456b789"
re.search("a", c)          #匹配则返回第一个匹配对象
```

<re.match object; span=(4, 5), match=' a' >

```
re.search("a",c).group()
```

结果如下:

```
' a'
d="b123b456b789"
re.search("a",d)          #全不匹配,则返回 none
```

7.4.4 sub 函数

sub 函数的主要作用类似于 Word 文档中的"替换"功能。其参数内容具体如下:
import re
re. sub(匹配的规则,替换内容,被匹配的字符串,匹配的次数,匹配的特定条件)
匹配的规则:可以理解为被匹配字符串中被匹配的内容。
匹配的次数:0-----全部替换;1-----替换 1 次;2-----替换两次,以此类推。

【**例 7.10**】　将变量 k 中所有的"tiger"替换为"老虎"。

具体操作如下：

```
k="tiger12345678tiger87654321tiger
re.sub("tiger","老虎",k, 0)
```

结果如下：

```
' 老虎 12345678 老虎 87654321 老虎'
```

若输入：

```
re.sub("tiger","老虎",k, 1)
```

结果如下：

```
' 老虎 12345678tiger87654321tiger'
```

若输入：

```
re.sub("tiger","老虎",k, 2)
```

结果如下：

```
' 老虎 12345678 老虎 87654321tiger'
```

sub 函数还有一个特点，就是第二个参数（即替换内容）可以是函数。比如在变量 l 中，将所有的大于 4 的数字替换为字母"a"。则首先创建一个函数，并将其带入 sub 函数的第二个参数，具体操作如下：

```
1="12345678f ghjkl"
def tr(x):
    print (x)
re.sub("\d",tr,1,0)        # "\d"是属于元字符,代表所有数字
```

结果如下：

```
<re.Match object; span=(0,1),  match=' 1' >
<re.Match object; span=(1,2),  match=' 2' >
<re.Match object; span=(2,3),  match=' 3' >
<re.Match object; span=(3,4),  match=' 4' >
<re.Match object; span=(4,5),  match=' 5' >
<re.Match object; span=(5,6),  match=' 6' >
<re.Match object; span=(6,7),  match=' 7' >
<re.Match object; span=(7, 8),  match=' 8' >
' fghjk1'
```

因此在 tr 函数的参数 x，应调取 group( )。具体操作如下：

```
1="12345678fghjk1"
def tr(x):
    print (x.group())
re. sub("\d", tr, 1,0)
```

结果如下：

```
2
3
4
5
6
8
' fghjk1'
```

在例 7.10 中可看出 group( )方法最终以字符串的形式出现。为了能和 4 进行比较，应先将 x. group( )外套一个 int 函数。具体操作如下：

```
1="12345678fghjkl"
def tr(x):
    if int (x.group())>4:
        return "a"
    return x.group ()
# group()方法最终是以字符串的形式出现,因此为了J能和4进行比较,应先将 x.group
()外套一个 int 函数.
re. sub("\d", tr,1, 0)
```

结果如下：

```
' 1234aaaafghjk1'
```

7.5 正则表达式实例应用

根据上节网页相关的知识点可知，从检测界面可看出对用户有用的信息都掺杂在超文本里的标题、符号里。所以在用正则表达式爬取数据时，被匹配的文本内容会非常复杂。而且要爬取的内容包含字符串、数值等类型。

例如在豆瓣网爬取电影名字，在开发工具界面中能看出，电影名字都在链接标题<a>中，如图 7-26 所示。而标题<a>里有属性、链接、符号、标题以及电影名等各类信息。因此在爬取之前必须对被爬取的超文本和爬取的内容进行分析，以便在 findall、match 和 search 函数中制定合适的匹配规则。过滤掉没用的属性、链接、符号、标题等内容，使最后爬取的结果只有电影名。

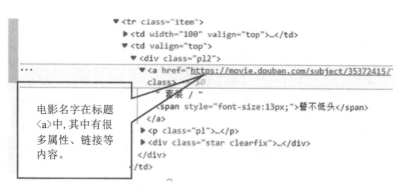

图 7-26　豆瓣电影排行榜源代码

根据前文可知,正则表达式的匹配规则和匹配文本都取决于爬取网页内容和被爬取的网页超文本。因此依据这一点,将下面的正则表达式知识点分成以下 5 个部分:字符集、元字符、数量词、定位符、组的匹配。

7.5.1　字符集

字符集是指一个字符串中字符的排列有一定可以发现的规则、规律。

【例 7.11】　在字符串"nak|nbk|nck|ndk|nek|nfk|ngk"中,用正则表达式进行如下操作:

(1)匹配"nbk"和"nck";

(2)匹配"nak""nbk""nck""ndk";

(3)匹配"nek""nfk""ngk"。

通过仔细观察可以发现如下规律:

(1)用"|"符号将字符串分成"nak""nbk""nck""ndk""nek""nfk""ngk"七个小字符串,即字符集;

(2)在这个字符集中都只有三个字母,第一个和第三个都分别是"n"和"k",只有中间不一样;

(3)中间的字母分别按 a~z 的 26 个英文字母顺序进行排列。

在用正则表达式匹配字符集时,可以用以上规律来操作。

下面开始解题。

(1)解析:匹配"nbk"和"nck"。

常规操作如下:

```
b="nak|nbk |nck |ndk |nek |nfk |ngk"
re. findall("nbk",b)
```

结果如下:

```
[' nbk' ]
re.findall("nck",b)
```

结果如下：

['nck']

根据上文总结的规律，还可以执行如下操作：

b="nak|nbk|nck|ndk|nek|nfk|ngk"
re.findall("n[bc]k", b)
#将 b、c 放在同一个函数中，两侧加上"[ ]"符号，意味着先匹配"nbk"，再"nck"。

结果如下：

['nbk' , 'nck']

由此可知，"[ ]"外侧是固定不变的字符"n""k"，里面是随之变化的字符。
（2）解析：匹配"nak""nbk""nck""ndk"。
根据上例可知如下编码：

b="nak|nbk |nck | ndk |nek |nfk |ngk"
re.findall("n[abcd]k", b)

结果如下：

['nak' , 'nbk' , 'nck' , 'ndk']

根据上文总结的规律中间的字母按英文顺序排列，则可以执行如下操作：

re. findall("n[abcd]k",b)

结果与上相同。
（3）解析：匹配"nek""nfk""ngk"。
根据上例可知如下编码：

re.findall("n[e- g]k",b)

根据字符集概念中可知，字符集的本质类似于数学上的集合。例 7.11 中的字符集可以看作七个成员的集合，即"nak""nbk""nck""ndk""nek""nfk""ngk"匹配"nek""nfk""ngk"，也就是匹配该字符集中"nak""nbk""nck""ndk"的补集。因此例 7.11 还可以执行如下操作：

b="nak|nbk|nck|ndknek|nfk|ngk"
re.findall("n[^a- d]k", b)
#在"a- d"的前面加上符号"^"，变成[a- d].
#意为取"nak""nbk" "nck" "ndk"的补集："nek""nfk""ngk"

结果如下：

['nek' , 'nfk' , 'ngk']

7.5.2 元字符

【例7.12】 下面有两个变量 x 和 y，分别匹配这两个变量中的数字。

x="kasgs2343565aslfgkg"

y="sdfgag2562345mkl645536lklkkjm;l6346k52346lmlkhjn43452346mnmn623465456156
jkln453q24nmkl3n6l3knt3l4lnt53kl45\nl\t"

变量 x 相对比较简单，根据之前的知识点执行如下操作即可。

```
import re
re.findall("2343565",x)
```

输出结果：

[' 2343565']

变量 y 比较复杂，因为字符串里的数字和字符排列比较复杂，不可能将所有的数字放在 findall 函数的第一个参数里。如果要匹配应执行如下操作：

```
re.findall("\d",y)        #此为元字符，两侧要加西文双引号
```

输出结果：

```
[' 2',
 '5',
 '6',
 '2'.
 '4',
 '6',
 '4',
 '5',
 ……
```

输出结果为变量 y 的所有数字。在这里只截取部分。

例 7.12 中"\d"为元字符，可以将字符串中所有的数字（字符串类型）匹配出来。因此可看出元字符在正则表达式的作用就是从内容复杂的字符串里单独匹配出某一类型的字符。字符串除"\d"外，还有很多，具体如表 7-5 所示。

表 7-5 元字符一览表

序号	代码	说明
1	.	匹配除换行符以外的任意字符
2	\w	匹配字母或数字或下划线或汉字
3	\W	匹配特殊字符，即非字母、非数字、非汉字

续表7-5

序号	代码	说明
4	\s	匹配任意的空白符
5	\S	匹配非空白
6	\d	匹配数字
7	\D	匹配非数字,即不是数字
8	\b	匹配单词的开始或结束
9	^	匹配字符串的开始
10	$	匹配字符串的结束
11	*	重复零次或更多次
12	+	重复一次或更多次
13	?	重复0次或1次
14	{n}	重复n次
15	{n,}	重复n次或更多次
16	{n,m}	重复n到m次
17	[ ]	匹配[ ]列举的字符

从表7-5中可看出字符集中的"[ ]"也是一种元字符"\w""\W""\s""\S""\d""\D"为比较常见用的字符,其中的大写字母和小写字母正好相反。下面以例7.12中的变量 y 为例,将以上元字符的操作分别演示一遍。

re.findall("\D", y)
得出结论与上面的"\d"相反
re. findall("\w", y)

得出结果:

['s',
'd',
…

全是变量 y 的英文字母,只截取部分。

re.findall("\W", y)

得出结果与上例相反。

re.findall("\s", y)

得出结果为任意空白符。

```
re.findall("\s", y)
```

得出结果与上例相反。

由此可知元字符中的大写字母和小写字母所匹配的内容正好相反。

7.5.3 数量词

元字符匹配出来的结果基本都是将字符串中每个成员匹配出来。比如在下图变量 z 中,数字 3、5 以及 2、3、5、4、4 和 2、1 相连。如果将所有数字匹配出来,可用上文中的元字符"\d"来匹配。

```
z="35l jkl23544nl21 jkl"
re.findall("\d",z)
```

结果如下:

```
['3', '5', '2', '3', '5', '4', '4', '2', '1']
```

从结果中可看出,尽管像 3、5 这样的数字相连,但匹配出来的数字是依次在列表中出现。而如果在元字符后面加上表 0-6 中第 16 个元字符{n,m},则会出现如下结果:

```
re.findall("\d{2, 5}", z)
#其中大括号{}里的 2 表示最少 2 个数字相连,如"21"
#其中大括号{}里的 5 表示最多 5 个数字相连,如"23544"
#大括号{}里的 2 和 5 用英文逗号隔开
```

结果如下:

```
['35', '23544', '21']
```

将上面的结果进行对比可知,元字符{,}的作用是匹配次数的限定。其中{}里英文逗号的左侧是匹配次数的下限,右侧是上限。

如果将 5 改成 3,则:

```
re.findall("\d{2, 3}",z)
```

结果:

```
['35','235','44','21']
```

如果去掉 5,则:

```
re.findall("\d{2,}",z)
['35', '23544', '21']
```

将 5 改成 3 后,"23544"分成两次匹配,并且先匹配"235",后匹配"44"。而{2,}匹配的次数是 2 到无穷大。这种匹配次数偏向上限的操作,在 Python 中称为贪婪。

如果在{}后加上"?",则:

re.findall("\d{2, }?",z)

结果如下:

['35', '23', '54', '21']

其结果都偏向于下限,而非上限。这种倾向于次数下限的匹配操作称为非贪婪。由于匹配下线是 2,即至少两个数字相连才能在结果显示,故"n"前面的 4 没有显示。

7.5.4 定位符

在使用正则表达式时,有可能会匹配字符串中某一位置的字符。比如在下面的变量 v 中匹配出所有英文单词,应执行如下操作:

v="apple123lion456tiger789banana"
re. findall("[a- z]{4, 6}", v)
[' apple' ,' lion' , ' tiger' , ' banana']

如果只匹配第一个单词或最后一个,则需用到另外两个元字符"^"和"$",具体操作如下:

v="apple123lion456tiger789banana"
re.findall("^[a- z]{4,6}",v)
#"^"表示匹配第一个单词

结果如下:

[' apple']
re.findall("[a- z]{4, 6} $ ",v)
#"$"表示匹配最后一个单词

结果如下:
[' banana']

前文所说的字符集中也有"^",这里应注意彼此之间的区别。表示匹配 a~z 之外任何一个字符则应输入[^a-z],即在符号[ ]内侧。如果表示匹配第一个字符,则应输入:^[a-z],即在符号[ ]外侧。

7.5.5 组的匹配

已知元字符中的"{}"是指匹配次数的上限与下限,"[ ]"是指匹配[ ]列举的字符。同时还有"( )",它在正则表达式的作用通过例 7.13 说明。

【例 7.13】 将变量 p 中的 lion 全部匹配出来。

如果用 findall 函数,操作如下:

```
p = "tigerlionlionlionorangeapplepig"
import re
re.findall("lion",p)
```

结果如下：

['lion','lion','lion']

由此可知，匹配的结果在列表中显示为三个分开的"lion"。而变量 p 中三个"lion"是连在一起，即"lionlionlion"。如果这样显示结果，则可以用 search 和"( )"搭配使用。操作如下：

```
import re
re.search("(lion) {3}", p)
# "(lion) {3}"意为将 lion 匹配 3 次
#下面的结果意为位置和内容
<re.Match object;span=(5,17), match='lionlionlion'>
re.search("(lion) {3}", p).group()
#调取 group 函数
```

结果如下：

'lionlionlion'

注意"(lion){3}"和"lion{3}"的区别。"(lion){3}"是将"lion"这个单词匹配 3 次，而"lion{3}"是将单词"lion"中的"n"匹配 3 次。故"( )"的作用是可以将连续出现的成组字符（如单词、语句）进行匹配。

同时上面操作中调取的 group 函数里面也可以输入参数。对例 7.13 search 函数中第一个参数，即匹配规则进行如下更改：

```
import re
re.search("tiger(.* ) orange(.* )pig", p)
#"."表示匹配除换行符以外的任意字符
#"*"表示重复零次或更多次
```

结果如下：

<re.Match object; span=(0, 31), match='tigerl ionl ionl ionorangeapplepig'>

调取 group 方法：

re.search("tiger(.*) orange(.*)pig", p). group()

结果如下：

'tigerlionlionlionorangeapplepig'

在 group 方法中输入 0：

re.search("tiger(.*) orange(.*) pig", p). group(0)
# group()和 group(0)结果一样, 全部匹配

结果如下

tigerlionlionlionorangeapplepig'

将"."和"＊"放在"( )"代表可以匹配任何字符,而 group 里的序号则表示当出现多组匹配时,从左到右的匹配顺序。

re.search("tiger(.*) orange(.*)pig", p). group(1)
# group(1)说明从左到右顺序匹配"tiger"和"orange"中间的所有字符

结果如下:

' lionlionlion'
re.search("tiger(.*) orange(.*)pig' ,p). group(2)
# group(2)说明再匹配"orange" 和"pig" 中间的所有字符

结果如下:
' apple'
同时还可以调取一个与 group( )相似的函数 groups( )。它可以将变量 p 中所有的匹配内容显示出来。

re.search("tiger(.*)orange(.*)pig, p). groups ()

结果如下:
(' lionlionlion' , ' apple')

7.6 Python 爬虫标准库 urllib 应用

在爬虫前导知识中介绍了 URL 的概念。但在 Python 标准库中,有对应爬取网页 URL 信息的 urllib 库。接下来讲解 urllib 在爬虫中抓取网页资源的应用。

urllib 库主要包含四个子模块,不同的子模块在爬虫中发挥着不同的作用。具体见表 7-6。

表 7-6 urllib 模块及作用

模块名	作用
urllib. request	请求模块,用于发送请求
urllib. parse	解析模块,用于解析 URL
urllib. error	异常处理模块,用于处理 request 引起的异常
urllib. robotparse	用于解析 robots. txt 文件

其中,比较常用的是 urllib. request 模块。因为爬虫的本质是程序模仿人为上网的形式。而在上文中提到,浏览网页之前客户端必须先向服务器发送请求。接下来以一个例子来说明其具体应用。

【例 7.14】 爬取京东网页中产品分类信息(图 7-27)。

图 7-27 爬取京东网

步骤 1:调取 urllib 标准库及其相关方法,并且将京东的网址以赋值的形式赋值给变量"url"。

```
from urllib. request import urlopen
#将 urllib 的 request 子模块中的 urlopen 方法调取出来
url="http://www.JD.com"
#将京东的 url 赋值给变量"url"
```

步骤 2:用 urlopen 方法访问京东网,并以读取(read)形式赋值给变量"jd"。但打印变量"jd"时,出现的结果均为代码,其中网页的汉字均以二进制形式展现。如图 7-28 所示。

```
jd=urlopen (url).read()
#用 urlopen 方法访问京东网,并用 read() 读取出来. 同时赋值给变量"jd "
print (jd)
```

fff804d1\\/7cbc252ed5993190.png″,″url″:″″,″devices″:[]},{″title″:″\\u4
\\u7aef″,″desc″:″\\u65b0\\u4eba\\u4e13\\u4eab\\u5927\\u793c\\u5305″,″i
8\\/5cec924bE6c038530\\/5cf21582b416c186. jpg″,″url″:″https:\\/\\/m. jr.
c.html″,″devices″:[{″type″:″iphone″,″src″:″https:\\/\\/itunes. apple. co
\\/id895682747?mt=8″},{″type″:″android″,″src″:″http:\\/\\/211.151.9.66
e″:″\\u4eac\\u4e1c\\u5065\\u5eb7\\u5ba2\\u6237\\u7aef″,″desc″:″″,″img″
\\/5e8c23b8E4c6c7c13\\/9c45c518ad785873. png″,″url″:″″,″devices″:[{″typ
com\\/download\\/?downloadSource=jdh_JDcom}.{″type″:″android″.″src″:″

图 7-28 urlopen 读取网页

步骤 3:将图 7-28 中的变量"jd"进行转码,调取 decode 函数。

```
print (jd. decode ())
#调取 decode(),将上面的二进制转换为汉字
```

其结果如图 7-29 所示(只截取部分)。

```
        content="京东JD.COM-专业的综合网上购物商城, 为您提供正品低价的购物
全球数十万品牌商家, 囊括家电、手机、电脑、服装、居家、母婴、美妆、个护、食品
求。"/>
    <meta name="Keywords" content="网上购物,网上商城,家电,手机,电脑,服装,居家
    <script type="text/javascript">
        window.point = {}
        window.point.start = new Date().getTime()
    </script>
    <link rel="dns-prefetch" href="//static.360buyimg.com"/>
    <link rel="dns-prefetch" href="//misc.360buyimg.com"/>
```

图 7-29   decode 函数转码

步骤 4:分析网页,找出需爬取的内容在 HTML 文本中的分布规律。如图 7-3 所示。

```
-507.html">女装</a>
```

```
-156.html">童装</a>
```

图 7-30   找寻数据分布规律

步骤 5:用正则表达式,结合步骤 4 中所发现的规律,将所需内容爬取下来。具体操作如下:

```
import re
re.findall(r">(.+?)</a>", jd.decode())
#用正则表达式爬取相应信息, 如链接信息
```

其结果如图 7-31(截取部分)。

```
'办公',
'家居',
'家具',
'家装',
'厨具',
'男装',
'女装',
'童装',
```

图 7-31   正则表达式匹配网页内容

通过以上步骤可看出 Python 爬虫需要将正则表达式和 urllib 内置库结合使用。但同时还有其他的第三方库也可以用来爬虫。

7.7　Python 爬虫第三方库应用

Python 的功能强大，离不开其背后全面而丰富的第三方库。爬虫作为 Python 应用最广泛的功能，也同样离不开相应的第三方库支撑。接下来本节将详细讲解在爬虫中最常用的三个第三方库：requests、lxml、URL。

7.7.1　lxml 模块

lxml 是 Python 的一个解析库，支持 HTML 和 XML 的解析，支持 xpath 解析方式，而且解析效率非常高。接下来简单介绍 lxml 的应用。

以爬取某一静态网页的一级标题的网页标题为例，如图 7-32 所示。

图 7-32　某校园静态网

在爬取时，应调用 lxml 的 fromstring 和 XPath 方法。fromstring 可以将字符串转换成 HTML 类型。而 XPath 是 XML 路径语言，可以确定 HTML 文档某部分位置的语言。其路径表达方式见表 7-7。

表 7-7　常用路径表达式

表达式	描述
/	从根节点选取
//	从匹配选择的当前节点选择文档中的节点，而不考虑它们的位置
@	选取属性

fromstring、XPath 方法的在本题中具体应用如下：

```
from lxml.html import fromstring
#调取 lxml 中 html 于模块里的 fromstring 方法
with open("D:\桌面\pythonPro ject\temp.html", "r", encoding="utf- 8") as f:
    data=f.read()
#用 open 函数读取该静态网页,并将读取内容赋值给 data. 但此时 data 的类型为字
符串.
s=fromstring (data)
#用 fromstring 将 data 转换为 html 文本
s.xpath("\html\body\h1\text()")
#用 Xpath 中的根节点来爬取标题 1(h1),其中 text()是为了提取标题 1 中的文字部分,即
"信息学院""管理学院"...
#结果将各个标题 1 以列表形式显示出来.
```

结果如下：

['信息学院','管理学院','大数据学院','工程学院','理学院','文学院','医学院','商学院']

用 for 循环语句将上述结果中各个元素遍历出来

```
for i in s.xpath("/html/body/h1/text()"):
    print(i)
```

结果如下：

```
信息学院
管理学院
大数据学院
工程学院
理学院
文学院
医学院
商学院
```

以上只是 lxml 与 Xpath 的简单应用。但在实际应用中,两者的应用不只如此,如实例化 etree 对象、快速获取标签节点等。

7.7.2 requests 模块

requests 基于 Python 发的 http 库,与 urllib 标准库相比,它不仅使用方便,而且能节约大量的工作。实际上,requests 在 urllib 的基础上进行了高度的封装。它不仅继承了 urllib 的所有特性,而且还支持一些其他的特性。

requests 库中增加了如下常用的类。

（1）requests. request：表示向指定的 url 发送指定的请求方法。

（2）requests. response：表示响应对象，其中包含服务器对 HTTP 请求的响应。

（3）requests. session：表示跨过 http 请求保持某些参数。

【例 7.15】　用 get 请求爬取网页信息。

具体操作如下：

```
import requests                         #导入 requests 库
url="http://www.baidu.com"              #请求的 URL 路径和查询参数
headers= {"User- Agent": "Mozilla/5.OMacintosh; Intel…"}
#请求报头, 只截取部分
response=requests.get (url=url, headers=headers)
#get 请求, 返回一个响应对象
print (response.text)
```

其结果如图 7-33 所示。

ent="全球领先的中文搜索引擎、致力于让网民更便捷地获取信息，找到所求。百度超过千亿的中文网页数据库，可以瞬间找到相关的搜索结果。"><link rel="shortcut icon" href="/favicon.ico" type="image/x-icon" /><link rel="search" type="application/opensearchdescription

图 7-33　requests 模块爬虫应用

最后将爬取的网页以"百度 . html"的文件形式保存下来。具体操作如下：

```
with open("百度.html","wb") as f:
    f.write (response.content)
#最后将爬取的网页以"百度.html"的文件形式保存下来
```

在这里有一个步骤是申请报头。其主要操作在网页基本操作中。其中变量 response 调取的 text 是指将网页二进制转换成文本。content 是指二进制。在 with open 语句中，"wb"是指"write bite"，即输入二进制。

比较 urllib 和 lxml 不难发现，使用 requests 库减少了请求的代码量。从细节上 requests 库的便捷之处有：

（1）无须再转换为 URL 路径编码格式，拼接完整的 URL 路径。

（2）无须再频繁地为中文转换编码格式。

（3）从请求的函数名称可以很直观地判断服务器里对应文件的位置。

（4）urlopen（ ）方法返回的一个文件对象，需要调用 read（ ）方法一次性读取；而 get（ ）函数返回的一个响应对象，可以访问该对象的 text 属性查看响应的内容。

这里虽然只初步介绍了 requests 库的用法，但可以从中看出，整个程序的逻辑非常易于理解，更符合面向对象发的思想，并且减少了代码量，提高了发送效率，给开发人员带来了便利。

7.8　爬虫的合法性及相关法律法规

近年来,有关于网络爬虫相关的违法案件屡见报端。一些业界知名的通过爬虫技术开展大数据信息服务的公司被查。大数据时代,网络爬虫技术的广泛运用对电子商务等活动的发展起到了不可忽视的作用。但在运用网络爬虫技术进行商业或研究活动时,亟须不断强化对其抓取行为合法性的界定,规范互联网创新企业的抓取行为,增强评判其法律后果的能力,在大胆探索创新的同时,兼顾行为的合规性和合法性。

7.8.1　合法的数据来源

合法的数据来源可被理解为被授权数据来源,指数据权利人或控制者进行授权后方可使用的数据。但一定范围内的有效授权并不代表数据权利人或控制者失去了相应数据权利。只有数据权利人或控制者允许公众获取数据,或者允许他人获取数据并且不限制他人再提供给公众,数据才失去法律权益保护的必要性,即允许公众共享。

1. 公开数据

公开数据的界定往往存在很大争议,其与公开信息的概念显然不同。公开在网站上的信息并非全部属于公开数据,信息与数据有着不同的价值。信息是表达者运用一些文字、图片或数据来表达其思想,想让别人所感知的客观存在,而数据是表达者享有著作权的作品。笔者认为,只有同时具备网站允许爬虫爬取的数据,以及网站未设置反爬虫系统或混淆系统两个条件才能被视为是公开数据。

网络爬虫技术在合法运用的范围下有利于信息的共享与交流,以此来促进行业发展。一些网站出于其经营目的并不拒绝网络爬虫,甚至还欢迎其提取网页信息。但不是每个网站都希望自己的信息被爬虫所获取,数据提供者有权力决定数据的公开范围和程度。除非出于公共利益或者其他强制性要求,一般网站会设置必要的反爬虫手段防止网站数据被获取。常见的方式包括限制或禁止某些端口、接口的访问等。

数据权利人一般会在本网站的 Robots 文件中指明允许获取的范围。善意爬虫会在抓取相关网络信息前读取该协议,对于禁止抓取的信息不进行下载。若是没有写明是否允许获取信息,则看该网站是否设置反爬虫系统或混淆系统来禁止爬虫进入,且反爬虫系统或混淆系统的抵御能力不能被视为可进行获取的借口。

2. 个人信息数据

个人信息是指以电子或者其他方式记录的能够单独或与其他信息结合识别的特定自然人的各种信息,包括姓名、出生日期、身份证件号码等。其中一部分信息称为个人敏感信息,意指一旦泄露、非法提供或滥用可能危害人身和财产安全,极易导致个人名誉、身心健康受到损害或歧视性待遇等的个人信息,包括身份证件号码、个人生物识别信息等。

近年来,个人信息被广泛运用于各种场景与平台,例如学校收集学生的个人信息以便开展教学活动,外卖平台在注册时会要求用户绑定手机号码及送货地址,等等。在注册或登录互联网平台时,网站往往会要求用户授权平台收集、使用必要信息以此来实现平台提供产品或服务的基本功能。外部机构对个人信息进行收集时,个人信息主体需要通过书面声明或其他有效的肯定性动作,对个人信息的使用以及特定处理做出明确的授权行为。此外,外部机构在进行个人信息的收集时应当遵循法律,不得恶意欺骗个人信息主体有关信息的用途。收集者不得私自扩大个人信息适用范围,要在授权之内合理使用他人信息。

如果爬虫控制者在未经个人信息主体同意的情况下大量抓取他人信息,则有可能构成非法收集个人信息。余某某使用爬虫技术侵犯公民个人信息案件即是如此。

2014 年 4 月至 6 月,被告人余某某在某公司工作,该集团内部的数据安全规范规定,员工个人信息数据属于敏感数据,敏感数据的提取等使用行为必须经过授权。然而被告人余某某在职期间违背上述规范的规定,私自使用爬虫技术窃取该集团员工的个人信息共计 2 万余条。2014 年 6 月,被告人余某某离职时,将储存了大量员工个人信息的电脑硬盘秘密带走。不仅未按合同约定返还公司财产,还涉嫌非法收集个人信息。对于该案,法院一审判决认为:被告人余某某犯非法获取公民个人信息罪,判处拘役六个月,缓刑六个月,并处罚金人民币二千元。依据《刑法修正案》第十条相关规定,余某某利用职务之便窃取其原单位员工的个人信息,依照集团规章属于内部属敏感数据,未经授权不得提取并使用,故余某某在刑法中应当被归罪。

7.8.2　非法的数据来源

1. 敏感政府数据

近些年来,随着互联网技术的不断完善,大数据在城市治理中已然发挥了不可替代的作用,相关政府数据也应运而生。值得肯定的是,有许多的政府数据所带来的效果是正面的,由此提高了城市发展的速度与质量。然而,并不是所有的政府数据都是被允许知晓的,如果网络爬虫将其技术的触角延伸到敏感的政府数据领域,那么以此所获取的数据是非法的。具体来说,政府数据中有可能牵涉有关国家利益、商业秘密与个人隐私等方面的内容。这些数据往往会通过一定的加密程序进行储存。而一些以大数据为业的网络公司或网络爱好者,会突破这些加密程序,进而获取到政府数据,并将其用到一些非法领域内,这会给社会治理带来极大的麻烦。因此,这些政府数据是没有被授权的,未经允许的组织和个人都没有权限使用,获取它们是违法的。

2. 无版权的商业数据

数据爬虫的违法边界一直是互联网争议的热点,尤其是在大数据时代,内容数据价值的日益凸显,爬虫侵权案也越来越多。下面的案例更说明这一点。

甲公司是某点评网站的经营者,该公司发现自 2012 年以来,乙公司未经许可在其开发的软件应用中大量抄袭、复制大众点评网的用户点评信息,直接替代大众点评网向用户提供内容。显而易见,乙公司向客户提供的相关内容是从大众点评网上爬取来的数据,并将数据进行包装后通过自己的平台向大众展示。乙公司在未经大众点评网授权的情况下,为谋取利益使用网络爬虫技术窃取别家公司的智力成果以此来发展更大的互联网平台,这种获取数据的方式明显是违法的。

图 7-34　爬虫数据的合法性①

避免触犯法律的三原则是：

(1)不要触碰国家事务、国防建设的系统。

(2)不要触碰个人信息，更不能贩卖个人信息。

(3)合理设置爬取流量，避免 DDoS 攻击式的爬虫。

另外为避免其他民事纠纷，要尽量遵守 Robots 协议。Robots 协议是一种存放于网站根目录下的 ASCII 编码的文本文件，它负责告知网络搜索引擎的漫游器也就是爬虫，此网站中的哪些内容是不应被爬虫获取的，哪些是可以被爬虫获取的。严格按照 Robots 协议 爬取网站相关信息一般不会出现太大问题。

司法实践中一般也会考虑行业的通行规范，一般遵守 Robots 协议得到的信息不会被认为是商业机密或者个人隐私数据。或者说遵守协议所得的信息即使涉密，其泄密责任一般也不会由爬取方承担。

综上所述，合法数据与非法数据的界限判别本质上就是数据是否取得了权利人的授权，是否在权利人的授权范围内开展有关数据的收集运用活动，若是超出限定范围则数据来源被视为非法。

7.9　爬虫项目实训

实训项目：获取运行内存 8 GB，机身内存 512 GB 的华为 p40 在京东商城中各个网店的价格信息

(1)实训要求：登录京东商城，搜索运行内存 8 GB，机身内存 512 GB 的华为 p40。将其价格爬取下来；

(2)在爬取过程可使用 Python 中有关爬虫的内置和外置模块或库，也可以使用如正则表达式等基本操作；

(3)爬取后应将爬取的数据进行适当整理，并筛选出该产品价位在 7000～10000 的网店

---

① 该图片来源于画家张建辉作品。

数量。

具体步骤如下。

步骤 1：

(1)登录购物网,搜索"华为 p40 pro",如图 7-35 所示：

图 7-35　搜索产品 1

(2)点击"运行内存"的"8 GB"结果如图 7-36 所示。

图 7-36　搜索产品 2

(3)点击"机身内存"中的"512 GB",结果如图 7-37 所示。

步骤 2：获取源代码,创建静态网页。

(1)在现有页面中,按快捷键"Ctrl+u",进入源代码界面。如图 7-38 所示。

图 7-37　搜索产品 3

```
<li class="spacer"></li>
<li class="fore2">
    <div class="dt">
        <a target="_blank" href="//order.jd.com/center/list.action">我的订单</a>
    </div>
</li>
<li class="spacer"></li>
<li class="fore3 dorpdown" id="ttbar-myjd">
    <div class="dt cw-icon">
        <!-- <i class="ci-right"><s>◇</s></i> -->
        <a target="_blank" href="//home.jd.com/">我的京东</a><i class="iconfont">&#xe605;</i>
    </div>
    <div class="dd dorpdown-layer"></div>
</li>
<li class="spacer"></li>
<li class="fore4" id="ttbar-member">
    <div class="dt">
        <a target="_blank" href="//vip.jd.com/">京东会员</a>
    </div>
</li>
<li class="spacer"></li>
<li class="fore5"   id="ttbar-ent">
    <div class="dt">
        <a target="_blank" href="//b.jd.com/">企业采购</a>
    </div>
</li>
<li class="spacer"></li>
<li class="fore6 dorpdown" id="ttbar-serv">
    <div class="dt cw-icon">
        <!-- <i class="ci-right"><s>◇</s></i> -->
        客户服务<i class="iconfont">&#xe605;</i>
    </div>
    <div class="dd dorpdown-layer"></div>
</li>
<li class="spacer"></li>
<li class="fore7 dorpdown" id="ttbar-navs">
    <div class="dt cw-icon">
        <!-- <i class="ci-right"><s>◇</s></i> -->
        网站导航<i class="iconfont">&#xe605;</i>
    </div>
    <div class="dd dorpdown-layer"></div>
</li>
```

图 7-38　源代码界面

（2）复制所有源代码，并在桌面上创建文件夹"爬虫实训"，在文件夹里创建文本文档"华为 p40"，如图 7-39 所示。

图 7-39 创建静态网页 1

（3）将源代码粘贴在文档"华为 p40"里，保存关闭。并将文档后缀改为". html"如图 7-40 所示。

图 7-40 创建静态网页 2

步骤 3：爬取数据。

（1）用"with…open…"语句读取静态网页"华为 p40"，并将读取内容赋值给变量 data。代码如下：

```
with open(r"D:\桌面\爬虫实训\华为 p40.html","r",encoding ="utf- 8") as f:
    data =f.read()
```

（2）在静态网页"华为 p40"中，按快捷键"F12"，进入"开发者工具"界面如图 7-41 所示。

（3）按快捷键"Ctrl+Shift+C"，进行元素检查。点击主页面的价格，便可查出产品价格在源代码中的位置。如图 7-42 所示。

图 7-41　爬取数据 1

图 7-42　爬取数据 2

(4)通过查找价格元素,可看出价格在整个静态网页中的分布规律。即:价格的两侧都有">"和".00</i>"。因此可用正则表达式对变量 data 进行匹配。得出的结果赋值给变量:HUAWEIprice。代码如下:

```
import re
HUAWEIprice = re.findall(''' ">(.+?).00</i>''',data)
```

（5）用 for 循环进行遍历,并筛选出该产品价位在 7000～10000 元的网店数量。代码
如下:

```
for i in HUAWEIprice:
    if int(i)>=7000 and int(i)<=10000:
        print(i)
```

结果如下:

```
9188
9288
8988
8388
7999
9999
```

所以在京东商城中,该款产品价位在 7000～10000 元的只有 6 家网店在售卖。

第 8 章

NumPy 数组与矩阵运算

上一章讲解了爬虫的相关知识及操作,特别是第三方库在爬虫中的应用。本章将继续讲解其他第三方库,如 NumPy 在数据分析、计算方面的应用。

NumPy 在数据处理和分析中的主要作用是进行向量和矩阵的运算,以及计算数据的相关系数、方差、协方差、标准差等统计指标。这要求学习者在掌握 NumPy 的基本操作之前,必须先了解线性代数和统计学相关的基础知识。

8.1 数组与矩阵的基本概念

NumPy 在运行时,所处理的数据是以矩阵和数组两种最基本的形式来进行科学计算和分析。因此,本节先简单介绍下数组和矩阵的基本概念。

8.1.1 矩阵的定义

在数学中,矩阵(matrix)是一个按照长方阵列排列的复数或实数集合,最早来自方程组的系数及常数所构成的方阵。

其具体定义是:由 $m \times n$ 个数 a_{ij} 排成的 m 行 n 列的数表称为 m 行 n 列的矩阵,简称 $m \times n$ 矩阵。记作:

$$A = \begin{bmatrix} a_{11} & a_{12} & \cdots & a_{1n} \\ a_{21} & a_{22} & \cdots & a_{2n} \\ a_{31} & a_{32} & \cdots & a_{3n} \\ \vdots & \vdots & & \vdots \\ a_{m1} & a_{m2} & \cdots & a_{mn} \end{bmatrix}$$

图 8-1 矩阵的定义

这 $m \times n$ 个数称为矩阵 A 的元素,简称为元,数 a_{ij} 位于矩阵 A 的第 i 行第 j 列,称为矩阵 A 的 (i,j) 元,以数 a_{ij} 为 (i,j) 元的矩阵可记为 (a_{ij}) 或 $(a_{ij})_{m \times n}$,$m \times n$ 矩阵 A 也记作 A_{mn}。

图 8-2 为一些简单的矩阵示例。

$$\begin{bmatrix} 1 & 4 & 2 \\ 2 & 0 & 0 \end{bmatrix} \quad \begin{bmatrix} 0 & 0 & 5 \\ 7 & 5 & 0 \end{bmatrix} \quad \begin{bmatrix} 2 & 16 & -6 \\ 8 & -4 & 10 \end{bmatrix}$$

图 8-2　简单的矩阵

8.1.2　数组的定义

由图 8-2 可知,矩阵是将一组数按照横、纵两个维度(也称为二维)进行排列。而计算机在进行科学计算和数据分析时,为提升效率会使用更多维度的数据组合,称为数组。因此,数组是对矩阵维度的扩展,而矩阵则是二维的数组。

在计算机高级语言中,数组属于构造数据类型。一个数组可以分解为多个数组元素,这些数组元素可以是基本数据类型或是构造类型。按数组元素的类型不同,数组又可分为数值数组、字符数组、指针数组、结构数组等各种类别。

8.1.3　数组和矩阵的基本运算

数组和矩阵与普通的数学运算一样,分为:加法、减法、乘法与除法。下面以矩阵为例进行简单说明。

1. 数组和矩阵的加法和减法运算

运算规则:同位置的元素进行运算。

运算前提:数组和矩阵必须要有相同的行数和列数,即同型矩阵(图 8-3)。

$$\begin{bmatrix} 1 & 4 & 2 \\ 2 & 0 & 0 \end{bmatrix} + \begin{bmatrix} 0 & 0 & 5 \\ 7 & 5 & 0 \end{bmatrix} = \begin{bmatrix} 1+0 & 4+0 & 2+5 \\ 2+7 & 0+5 & 0+0 \end{bmatrix} = \begin{bmatrix} 1 & 4 & 7 \\ 9 & 5 & 0 \end{bmatrix}$$

$$\begin{bmatrix} 1 & 4 & 2 \\ 2 & 0 & 0 \end{bmatrix} - \begin{bmatrix} 0 & 0 & 5 \\ 7 & 5 & 0 \end{bmatrix} = \begin{bmatrix} 1-0 & 4-0 & 2-5 \\ 2-7 & 0-5 & 0-0 \end{bmatrix} = \begin{bmatrix} 1 & 4 & -3 \\ -5 & -5 & 0 \end{bmatrix}$$

图 8-3　数组和矩阵的加法和减法运算

2. 数组和矩阵的乘法运算

(1)数组的乘法运算。

数组的乘法与其加减法运算规则一致,这里不予赘述。

(2)矩阵的乘法运算。

矩阵作为特殊的数组,其乘法运算略有不同。

运算规则:如有两个矩阵 A 和 B,矩阵 A 的元素计为 a_{ir},矩阵 B 的元素计为 b_{rj},则矩阵 A 和 B 的乘法运算为:

$$c_{i,j} = a_{i,1}b_{1,j} + a_{i,2}b_{2,j} + \cdots + a_{i,n}b_{n,j} = \sum_{r=1}^{n} a_{i,r}b_{r,j}$$

生成新的矩阵 C，C 的每一个元素可计为 c_{ij}。

运算前提：两个矩阵的乘法仅当第一个矩阵 A 的列数和另一个矩阵 B 的行数相等时才能定义。如 A 是 $m×n$ 矩阵，B 是 $n×p$ 矩阵，它们的乘积 C 是一个 $m×p$ 矩阵。

具体示例如图 8-4 所示：

$$\begin{bmatrix} 1 & 0 & 2 \\ -1 & 3 & 0 \end{bmatrix} \times \begin{bmatrix} 3 & 1 \\ 2 & 1 \\ 1 & 0 \end{bmatrix} = \begin{bmatrix} (1×3+0×2+2×1) & (1×1+0×1+2×0) \\ (-1×3+3×2+1×1) & (-1×1+3×1+1×0) \end{bmatrix} = \begin{bmatrix} 5 & 1 \\ 4 & 2 \end{bmatrix}$$

图 8-4　矩阵的乘法运算

除法运算与加减法运算规则一致，但运算时经常出现除数为 0 的情况，故在本教材中不予考虑。

8.2　NumPy 库概述

NumPy（numerical python 的缩写）是一个开源的 Python 科学计算库。使用 NumPy 可以很自然地使用数组和矩阵。NumPy 包含很多实用的数学函数，涵盖线性代数运算、傅里叶变换和随机数生成等功能。从某种意义上讲，NumPy 可以取代 MATLAB 和 Mathematica 的部分功能，并且允许用户进行快速的交互式原型设计。

8.2.1　NumPy 的具体内容

在具体应用 NumPy 时，主要掌握以下几点内容。

（1）NumPy 数组对象。

NumPy 中的多维数组称为 ndarray，这是 NumPy 中最常见的数组对象。

ndarray 对象通常包含两个部分：ndarray 数据本身和描述数据的元数据。注意，NumPy 的向量化运算的效率要远远高于 Python 的循环遍历运算。

（2）创建 ndarray 数组。

首先导入 NumPy 库，导入 NumPy 库时通常使用"np"作为简写，这也是 NumPy 官方倡导的写法。

（3）关注 NumPy 的数值类型。

（4）ndarray 数组的属性。包括 dtype 属性、ndim 属性、shape 属性、size 属性、nbytes 属性、t 属性，数组转置、复数的实部和虚部属性、real 和 imag 属性。

（5）ndarray 数组的切片和索引。包括一维数组的切片和索引，以及 Python 的 list 索引类似；二维数组的切片和索引。

（6）处理数组形状。包括形状转换、堆叠数组、数组的拆分。

（7）数组类型的转换。包括数组转换成 list，使用 tolist 和转换成指定类型，astype 函数。

8.2.2　NumPy 的作用

NumPy 作为第三方库，其主要作用如下。

（1）用 Python 实现的科学计算。

①一个强大的 n 维数组对象 array；

②比较成熟的(广播)函数库；

③用于整合 C/C++和 FORTRAN 代码的工具包；

④实用的线性代数、傅里叶变换和随机数生成函数。NumPy 与稀疏矩阵运算包 SciPy 配合使用更加方便。

（2）NumPy 提供了许多高级的数值编程工具，如：矩阵数据类型、矢量处理，以及精密的运算库。NumPy 专为进行严格的数字处理产生，多为大型金融公司，以及核心的科学计算组织(如 Lawrence Livermore，NASA)用来处理一些本来使用 C++、FORTRAN 或 MATLAB 等所做的任务。

（3）NumPy 的前身为 NUMERIC，最早由 Jim Hugunin 与其他协作者共同开发。2005 年，Travis Oliphant 在 NUMERIC 中结合了另一个同性质的程序库 Numarray 的特色，并加入了其他扩展从而开发了 NumPy。NumPy 为开放源代码并且由许多协作者共同维护开发。

8.2.3　NumPy 数据类型

NumPy 支持的数据类型比 Python 内置的类型要多很多，基本上可以和 C 语言的数据类型对应上，其中部分类型可以与 Python 内置的类型对应。表 8-1 列举了常用的 NumPy 基本类型。

表 8-1　NumPy 数据类型

名称	描述
bool_	布尔型数据类型(True 或者 False)
int_	默认的整数类型(类似于 C 语言中的 long，int 32 或 int 64)
intc	与 C 的 int 类型一样，一般是 int 32 或 int 64
intp	用于索引的整数类型(类似于 C 的 ssize_t，一般情况下仍然是 int 32 或 int 64)
int 8	字节(-128 to 127)
int 16	整数(-32768 to 32767)
int 32	整数(-2147483648 to 2147483647)
int 64	整数(-9223372036854775808 to 9223372036854775807)
uint 8	无符号整数(0 to 255)
uint 16	无符号整数(0 to 65535)
uint 32	无符号整数(0 to 4294967295)
uint 64	无符号整数(0 to 18446744073709551615)
float_	float 64 类型的简写
float 16	半精度浮点数，包括：1 个符号位，5 个指数位，10 个尾数位

续表8-1

名称	描述
float 32	单精度浮点数,包括:1 个符号位,8 个指数位,23 个尾数位
float 64	双精度浮点数,包括:1 个符号位,11 个指数位,52 个尾数位
complex_	complex 128 类型的简写,即 128 位复数
complex 64	复数,表示双 32 位浮点数(实数部分和虚数部分)
complex 128	复数,表示双 64 位浮点数(实数部分和虚数部分)

NumPy 的数值类型实际上是 dtype 对象的实例,并对应唯一的字符,包括 np. bool_, np. int32, np. float32,等等。

8. 3 NumPy 数组的基本操作

上节简单介绍了 NumPy 库的概念、作用和数据类型。本节将重点介绍如何用 NumPy 来创建数组以及有关数组的基本操作。

8. 3. 1 NumPy 数组的创建

创建数组主要有 8 种方法,本小结以例题形式进行逐一讲解。

1. np. array( )

这是最基本的数组构建方法,它的完整方法如下所示。

numpy. array(object, dtype=None, copy=True, order=' K', subok=False, ndmin=0)

对于上面的部分参数几乎用不到,所以本书仅进行简单解释。

object:表示数组,即要生成 ndarray 数组的对象,一般情况下用列表;

dtype:表示数据类型,根据给出的 object 自动确定;

copy:布尔值,为 True 表示复制对象;

order:指定内存布局,有 K、A、C、F 可选,默认即可;

subok:布尔值,创建的数组是否作为基类数组;

ndmin:指定数组具有的最小维数。

【例 8.1】　根据列表创建数组。

具体操作如下：

```
import numpy as np
#引入 numpy 模块,并简称为 np
data＝np.array([[1,2], [3, 4]])
#输入参数:一个形似包含两个子列表的列表
data 的值为:
array([[1,2],
      [3,4]])
```

例 8.1 中,Python 数组生成后外层有"array([ ])"进行包裹。左上和右下的中括号"[ ]"叠加的次数代表这个数组的维度。例题中分别是"[[""]]",说明这是一个二维数组。同时纵向排列顺序以参数书写顺序为准。

除了上述方法外还可以利用上节提到的 ndmin 参数来生成。

【例 8.2】　根据列表[1,2,3,4,5],生成一个三维数组。

具体操作如下：

```
import numpy as np
data＝np.array([1,2,3,4,5],ndmin＝3)
data 的值如下:
array([[[1, 2, 3, 4, 5]]])
```

2. np. zeros (shape,dtype,order＝" C")

例 8.2 为创建一个全 0 数组。其提供的参数含义如下。

shape:数组形状,即行和列;

dtype:数据类型;

order:表示数组在内存的存放次序是以行"C"为主,还是以列"F"为主,"A"表示以列为主储存,一般默认即可。

【例 8.3】　创建一个 5 行 6 列的全 0 数组。

具体操作如下：

```
np.zeros(shape＝(5,6))          #shape 代表行和列
```

结果如下：

```
array([[0., 0., 0., 0., 0., 0.],
      [0., 0., 0., 0., 0., 0.],
      [0., 0., 0., 0., 0., 0.],
      [0., 0., 0., 0., 0., 0.],
      [0., 0., 0., 0., 0., 0.]])
```

3. np. ones（shape，dtype，order）

这个方法与 zeros 方法很相似，只不过它生成的是全 1 数组。

【例 8.4】 分别建立一个一维和二维全 1 数组 data 1 和 data 2，并根据 data 2 的维度生成数组 data 3。

具体操作如下：

```
data1 =np. ones (6)
#一维的全 1 数组
```

data1 的值如下：

```
array([1., 1., 1., 1., 1., 1.])
data 2 =data=np. ones((2, 4))
#二维的全 1 数组
```

data2 的值如下：

```
array([[1., 1., 1.,1.],
[1., 1., 1., 1.]])
data 3 =np. ones_like (data 2)
#据 data 2 的维度生成数组 data 3
```

data 3 的值如下：

```
array([[1., 1., 1., 1.],
[1., 1., 1., 1.]])
```

4. np. eye（）

此方法主要用于生成单位函数。

【例 8.5】 分别生成一个 3 行 3 列和 3 行 5 列的单位数组。具体如下：

```
np.eye(3)
#括号里只输入一个数字,代表行列数都一样
```

结果如下：

```
array([[1., 0., 0.],
       [0., 1., 0.],
       [0., 0., 1.]])
np. eye(3,5)
#括号里前面是行,后面是列
```

结果如下：

```
array([[1., 0., 0., 0., 0.],
       [0., 1., 0., 0., 0.],
       [0., 0., 1., 0., 0.]])
```

由例 8.5 可知,当单位数组行列相同时,元素为 1 的分布是沿右倾对角线分布。当行列不同时,则沿右下 45°角分布。

5. np. arange(start,stop,step,dtype=None)

np. arange 和 Python 的内置函数 range 函数类似,都生成等差的数组,但部分参数有差异。

【例 8.6】 生成 1 到 9 的一维整数数组。

具体操作如下:

```
np.arange(1,10,1)
#参数与 range 函数相同,分别是起始数、终止数+1、间隔
```

结果如下:

```
array([1, 2, 3, 4, 5, 6, 7, 8, 9])
```

np. arange 和内置函数 range 主要差异体现在第三个参数间隔(sep)上。np. arange 函数的间隔可以是浮点型,而 range 函数只能支持整型。可看下面操作:

```
np.arange(1,10,0.5)
# 间隔可以支持浮点型
```

结果如下:

```
array([1., 1.5, 2., 2.5, 3., 3.5, 4., 4.5, 5., 5.5, 6., 6.5, 7., 7.5, 8., 8.5, 9., 9.5])
range(1,10,0.5)
# 间隔不支持浮点型
```

结果则报错。

6. np. random

本教材在第三章和第六章成提到过一个可以生成随机数的模块 random。在 numpy 中也有此模块,但与之不同的是 np. random()生成的是随机数组。

在 np. random 中可以调用三个函数:rand、randn、randint。其具体应用可看下面例题。

【例 8.7】 随机生成 20 个 0 至 1 之间的随机数组。

具体操作如下:

```
np.random.rand(20)
#rand 表示能生成 0 至 1 之间的随机数
#参数 20 代表生成的随机数的个数
```

结果如下：

```
array([0. 59374744, 0. 51862646, 0. 01566915, 0. 49829674, 0. 3039376,
       0. 36448273, 0. 27238925, 0. 14391746, 0. 60600247, 0. 13597296,
       0. 06393714, 0. 22730793, 0. 8165796, 0. 29820897, 0. 84019204,
       0. 15981599, 0. 53375995, 0. 19506555, 0. 61772369, 0. 96670427])
```

【例 8.8】 随机生成 20 个服从标准正太分布的数组。
具体操作如下：

```
np. random. randn(20)
```

结果如下：

```
array([- 0. 18068914, - 0. 53388972,1. 12378417, - 1. 14572459, - 0. 74348083,
       - 0. 75861697, - 0. 15516155,0. 88524846, - 1. 21696152,0. 88564689,
       - 0. 54865109,0. 23939982,1. 88004916,0. 6533918, - 0. 70395365,
       - 0. 77130474, - 0. 54763224, - 0. 34413603,1. 51109937, - 2. 16032021])
```

【例 8.9】 随机生成 0 至 20 之间的任意整数。
具体操作如下：

```
np. random. randint(20)
```

结果如下：
14(注:此结果是随机生成,再次操作结果会不一样)

7. np. reshape( )

reshape( )可以转换数组的大小,在这里数组的大小是指它横向元素数量和纵向数量。
【例 8.10】 将数组 data 转换成 3 行 4 列的形式。

```
data＝array([[ 1, 2, 3, 4, 5, 6],
             [ 7, 8, 9, 10, 11, 12]])
```

已知 data 数组的大小是 2×6,即 2 行 6 列。如果转换 3 行 4 列,则用 reshape( )进行如下操作：

```
data. reshape(3,4)          #(3,4)代表 3 行 4 列
```

结果如下：

```
array([[ 1, 2, 3, 4],
       [ 5, 6, 7, 8],
       [ 9, 10, 11, 12]])
```

8. np. matrix( )

可以将数组转换成矩阵。

【例 8.11】　将下面的数组 a 转换成矩阵,并赋值给 a_matrix。
具体操作如下:

```
a＝array([[ 1, 2, 3, 4, 5, 6],
          [ 7, 8, 9, 10, 11, 12]])
a_matrix＝np. matrix(a)
```

此时 a_matrix 的值为:

```
matrix([[ 1, 2, 3, 4, 5, 6],
        [ 7, 8, 9, 10, 11, 12]])
```

8.3.2　NumPy 数组的查看

NumPy 数组的查看是指查询某一数组的具体内容和属性,主要包括:数组的维度、大小、元素总数、数据类型等内容。然后在操作中主要调取相应的属性即可。具体相看内容见表 8-2。

表 8-2　numpy 数组的查看内容表

调取的属性	代表内容
ndim	维度
shape	大小
size	元素总数
dtype	数据类型

【例 8.12】　将表 8-3 转换成数组,行列分布与表格相同,并能查看其维度、大小、元素总数、数据类型等内容。

表 8-3　例 8.10 操作素材

54	45	33	54	22
64	64	21	77	32
88	65	52	52	69

本例题可分 5 步解析,具体如下。
步骤 1:将上表中的三行分别创建三个列表,并赋值给三个变量 data_list 1、data_list 2、data_list 3。然后转换成一个数组,并赋值给变量 data_array。

```
data_list1＝[54,45,33,54,22]
data_list2＝[64,64,21,77,32]
data_list3＝[88,65,52,52,69]
data_array＝np. array([data_list1,data_list2,data_list3])
```

步骤 2:查看数组 data_array 的维度,调取 ndim。结果显示维度为 2。

data_array. ndim	# 查看维度

步骤 3:查看数组 data_array 的大小,调取 shape。结果显示大小为 3 行 5 列。

data_array.shape	# 查看大小

步骤 4:查看数组 data_array 的元素总数,调取 size。结果显示总数为 15。

data_array.size	#元素总数

步骤 5:查看数组 data_array 的数据类型,调取 dtype。结果显示总数为整型。

data_array.dtype	#数据类型

在求数据类型时,结果显示"int 32",指 32 位整型,代表 32 位整数,每位占 4 个字节。除此之外还有"int 16""int 64",分别占 2 和 8 个字节。

8.3.3 numpy 数组的访问

在第二章数据类型中讲解了列表、元组和字典的访问。在数组中也有同样的操作。但在访问数组之前,应首先解析数组行列的编号规则。本节以上一小节的数组 data_array 为例,如图 8-5 所示。

```
array ([[54, 45, 33, 54, 22],    0
        [64, 64, 21, 77, 32],    1
        [88, 65, 52, 52, 69]])   2
         0   1   2   3   4
```

图 8-5　数组行列编号

在图 8-8 的数组行列编号中,红色代表的是行和列的编号。数组的编号规则与列表等数据类型是相同的。当访问某一行时,可执行如下操作:

data_array[1] # 访问第 2 行

结果如下:

array([64, 64, 21, 77, 32])

当访问数组中某一具体元素时,须在访问所在行的基础上,再访问列。在上面操作中,如果访问第 2 行的"21",则须执行以下操作:

data_array[1][2] # 21 在第二行第三列

为书写简便,也可以采取[行,列]的形式。

data_array[1,2]

如果要访问数组当中的某一区域,可看例 8.13。

【例 8.13】 访问上题数组 data_array 中的框选区域,如图 8-6 所示。

array ([[54, 45, 33, 54, 22],   0
        [64, 64, 21, 77, 32],   1
        [88, 65, 52, 52, 69]])   2
        0   1   2   3   4

图 8-6 例 8.13

具体操作如下:

data_array[1:,2:]
#"1:"代表第二行到最后,"2:"代表第三列到最后

结果如下:

array([[21, 77, 32],
       [52, 52, 69]])

8.4 numpy 数组的基本运算

在 8.1 节介绍了数组和矩阵的简单的加、减、乘、除数学四则运算,但除此之外,数组还有聚合运算、合并与分裂运算等。本节将逐步讲解 numpy 在这些运算中的应用。

8.4.1 数组的数学运算

数组的数学运算可分为两种,一种是数组与某一数值的运算(在数学中这一数值可称为标量),另一种是数组与数组之间的运算。

1. 数组与某一数值的运算

数组在与某一数值进行数学运算时,数组的每一个元素都分别与数值进行运算。

【例 8.14】 计算下图中数组 a 与 2 的和、差、积、商、幂以及相除之后的余数。

a=array([[1, 2, 3, 4, 5, 6],
         [7, 8, 9, 10, 11, 12]])

结果如下：

```
array([[ 3, 4, 5, 6, 7, 8],
       [ 9, 10, 11, 12, 13, 14]])
a- 2
# 求差
```

结果如下：

```
array([[- 1, 0, 1, 2, 3, 4],
       [ 5, 6, 7, 8, 9, 10]])
a*2
# 求积
```

结果如下：

```
array([[ 2, 4, 6, 8, 10, 12],
       [14, 16, 18, 20, 22, 24]])
a/2
# 求商
```

结果如下：

```
array([[0. 5, 1. , 1. 5, 2. , 2. 5, 3.  ],
       [3. 5, 4. , 4. 5, 5. , 5. 5, 6.  ]])
a**2
# 求幂
```

结果如下：

```
array([[ 1, 4, 9, 16, 25, 36],
       [ 49, 64, 81, 100, 121, 144]], dtype=int32)
a%2
# 求余
```

结果如下：

```
array([[1, 0, 1, 0, 1, 0],
       [1, 0, 1, 0, 1, 0]], dtype=int32)
```

2. 数组与数组之间的运算

数组之间的运算规则和原理与 8.1 相同，下面通过例 8.15 说明。

【例 8.15】 计算下列数组 b 和 c 的和、差，以及 c 和 d 的积。

```
b = array([[ 2, 3, 4],
          [ 5, 6, 7],
          [ 8, 9, 10]])
c = array([[ 3,4,5],
          [ 6, 7, 8],
          [ 9, 10, 11]])
d = array([[ 4,5,6],
          [ 7, 8, 9],
          [10, 11, 12]])
```

具体操作如下：

```
b+c
#求和
```

结果如下：

```
array([[ 5, 7, 9],
      [11, 13, 15],
      [17, 19, 21]])
b- c
# 求差
```

结果如下：

```
array([[- 1, - 1, - 1],
      [- 1, - 1, - 1],
      [- 1, - 1, - 1]])
d * c
# 求积
```

结果如下：

```
array([[ 12, 20, 30],
      [ 42, 56, 72],
      [ 90, 110, 132]])
```

运算时如果不符合数组运算的规则以及数组之间的维度不匹配，则会报错。同时数组之间的除法与加减法运算规则相同。在这里不予赘述。

同时矩阵作为一种特殊的数组，其加、减运算与数组相同，但乘法须遵守矩阵的乘法运算规则。

【例 8.16】 求矩阵 a_matrix 和 b_matrix 的积。

```
a_matrix = matrix([[ 1, 2, 3, 4, 5, 6],
                   [ 7, 8, 9, 10, 11, 12]])
b_matrix = matrix([[ 4, 5],
                   [ 6, 7],
                   [ 8, 9],
                   [10, 11],
                   [12, 13],
                   [14, 15]])
a_matrix * b_matrix
```

结果如下:

```
matrix([[224, 245],
        [548, 605]])
```

8.4.2　数组的合并与分裂

8.4.2 讲的是数组的数学运算,本小节主要讲数组之间的合并和分裂。

1. 数组的合并

数组的合并用到的是 np. concatenate( )。其参数主要分为两个部分:

第一部分,输入数组。数组的数量没有限制。

第二部分,合并的方式(axis)。分为垂直合并和水平合并。垂直合并要求数组间列数相同,用 0 来代表。水平合并则要求行数相同,用 1 来代表。

【例 8.17】 有三个数组 a、b 和 c,分别将 a 和 b 垂直合并,b 和 c 水平合并。

```
A = array([[0, 1, 2, 3],
           [4, 5, 6, 7]])
B = array([[ 0, 1, 2, 3],
           [ 4, 5, 6, 7],
           [ 8, 9, 10, 11]])
C = array([[0, 1, 2],
           [3, 4, 5],
           [6, 7, 8]])
```

具体解题步骤如下:

```
np.concatenate([a,b],axis=0)
# 垂直合并列数相等
```

结果如下:

```
array([[ 0, 1, 2, 3],
       [ 4, 5, 6, 7],
       [ 0, 1, 2, 3],
       [ 4, 5, 6, 7],
       [ 8, 9, 10, 11]])
np.concatenate([b,c],axis=1)
# 水平合并行数相等
```

结果如下:

```
array([[ 0, 1, 2, 3, 0, 1, 2],
       [ 4, 5, 6, 7, 3, 4, 5],
       [ 8, 9, 10, 11, 6, 7, 8]])
```

2. 数组间的分裂

数组的分裂是指将一个数组分裂成一个或若干个部分。用到的函数是 np. split( )。

【例 8.18】　将数组 *a* 分成三个数组。

具体操作如下:

```
a=array([0, 1, 2, 3, 4, 5, 6, 7, 8])
np.split(a,3)
# 数组 a 有 9 个元素,可以平均分成三个数组
```

结果如下:

```
[array([0, 1, 2]), array([3, 4, 5]), array([6, 7, 8])]
```

如果将第二个参数改成 2,则剩下一个元素,结果会报错。因此分裂的个数一定要能被元素总数整除。

同时分裂也分垂直和水平,具体可见例 8.19。

【例 8.19】　将数组 *b* 按水平和垂直两个方向平均分成两个数组。

```
b=array([[ 0, 1, 2, 3],
         [ 4, 5, 6, 7],
         [ 8, 9, 10, 11],
         [12, 13, 14, 15]])
np.split(b,2,axis=0)
#因为平均分成两个数组, 所以第二个参数是 2
#垂直平分, 所以 axis=0
```

结果如下:

```
[array([[0, 1, 2, 3],
        [4, 5, 6, 7]]),
 array([[ 8, 9, 10, 11],
        [12, 13, 14, 15]])]
np.split(b,2,axis=1)
# 水平平分,所以 axis=1
```

结果如下:

```
[array([[ 0, 1],
        [ 4, 5],
        [ 8, 9],
        [12, 13]]),
 array([[ 2, 3],
        [ 6, 7],
        [10, 11],
        [14, 15]])]
```

8.5 numpy 统计指标的运算

numpy 除了上文提到的简单操作和运算外,还可以计算简单的统计指标,如求和、平均数、方差、协方差等。下面将介绍在这方面的应用。

8.5.1 总和、最大值、最小值、平均数的计算

总和、最大值、最小值、平均数这些统计指标的运算一般称为聚合运算。由于数组本身维度的复杂性,本书将从单一维度和多维度来讲解。

1. 单一维度

单一维度,即数组只有一个维度。这种运算相对来说较为简单。

【例 8.20】 计算数组 a 的总和、最大值、小值值、平均数。

具体操作如下:

```
a=array([0, 1, 2, 3, 4, 5, 6, 7, 8, 9])
np.sum(a)
np.min(a)
np.max(a)
np.mean(a)
```

结果分别为:45、0、9、4.5。

2. 多维度

多维度运算与上文提到的合并与分裂情况类似,需要参数 axis 的参与,且同样分为垂直和水平。

【**例 8.21**】　分别图 8-7 中数组 b 垂直和水平方向的总和、最大值、最小值、平均数。

图 8-7　多维度的垂直和水平计算

具体操作如下:

```
np.sum(b,axis=0)
#axis=0,纵向求和.下面以此类推
```

结果如下:

```
array([24, 28, 32, 36])
np.min(b,axis=0)
```

结果如下:

```
array([0, 1, 2, 3])
np.max(b,axis=0)
```

结果如下:

```
array([12, 13, 14, 15])
np.mean(b,axis=0)
```

结果如下:

```
array([6, 7, 8, 9])
np.sum(b,axis=1)
#axis=1,横向求和.下面以此类推
```

结果如下:

```
array([6, 22, 38, 54])
np.min(b,axis=1)
```

结果如下:

```
array([0, 4, 8, 12])
np.max(b,axis=1)
```

结果如下：

```
array([3, 7, 11, 15])
np.mean(b,axis=1)
```

结果如下：

```
array([1.5, 5.5, 9.5, 13.5])
```

8.5.2 相关系数、方差、协方差、标准差的计算

在统计学中除了上述的简单的统计指标外，还有一些常见但需要大量计算的统计指标，如相关系数、方差、标准差等。下面主要讲解这4个统计变量的计算。

1. 相关系数

相关关系是一种非确定性的关系，相关系数是研究变量之间线性相关程度的量。由于研究对象的不同，相关系数有如下几种定义方式。

简单相关系数：又称相关系数或线性相关系数，一般用 r 表示，用来度量两个变量间的线性关系。其计算公式如下：

$$r(X,Y) = \frac{\mathrm{Cov}(X,Y)}{\sqrt{\mathrm{Var}[X]\,\mathrm{Var}[Y]}}$$

相关系数的值介于 -1 与 $+1$ 之间，即 $-1 \leqslant r \leqslant +1$。其性质如下：

当 $r>0$ 时，表示两变量正相关；$r<0$ 时，两变量为负相关。

当 $|r|=1$ 时，表示两变量为完全线性相关，即为函数关系。

当 $r=0$ 时，表示两变量间无线性相关关系。

当 $0<|r|<1$ 时，表示两变量存在一定程度的线性相关。且 $|r|$ 越接近 1，两变量间线性关系越密切；$|r|$ 越接近于 0，表示两变量的线性相关越弱。

一般可按三级划分：$|r|<0.4$ 为低度线性相关；$0.4 \leqslant |r|<0.7$ 为显著性相关；$0.7 \leqslant |r|<1$ 为高度线性相关。

在 numpy 中，可以用 corrcoef( ) 函数计算相关系数。

【例8.22】 判断下面两行数据中，第一行和第二行的相关性。

| 12.5 | 15.3 | 23.2 | 26.4 | 33.5 | 34.4 | 39.4 | 45.2 | 55.4 | 60.9 |
| 21.2 | 23.9 | 32.9 | 34.1 | 42.5 | 43.2 | 49 | 52.8 | 59.4 | 63.5 |

具体解析步骤如下。

步骤1:将两行数据转换成两个数组 a 和 b。

a = array([12.5,15.3,23.2,26.4,33.5,34.4,39.4,45.2,55.4,60.9])

b = array([21.2,23.9,32.9,34.1,42.5,43.2,49,52.8,59.4,63.5])

步骤 2：调取 corrcoef( ) 函数，并将数组 a 和 b 输入函数内。

np.corrcoef(a,b)

结果如下：

array([[1., 0.99419838],

　　　　[0. 99419838, 1.]])

步骤 3：进行解析，在新生成的数组中的左上角和右下角的 1 是自相关系数；左下角和右上角的 0.99419838 是两行数据的相关系数。故两行数据呈高度正相关。

2. 方差、协方差、标准差

方差是在概率论和统计方差衡量随机变量或一组数据时离散程度的度量。概率论中方差是用来度量随机变量和其数学期望（即均值）之间的偏离程度。统计中的方差（样本方差）是每个样本值与全体样本值的平均数之差的平方值的平均数。在许多实际问题中，研究方差即偏离程度有着重要意义。其公式如下：

$$S^2 = \frac{\sum (X - \overline{X})^2}{n-1}$$

协方差在概率论和统计学中用于衡量两个变量的总体误差。方差是协方差的一种特殊情况，即两个变量相同的情况。

协方差表示的是两个变量的总体误差，这与只表示一个变量误差的方差不同。如果两个变量的变化趋势一致，其中一个大于自身的期望值，另外一个也大于自身的期望值，那么两个变量之间的协方差为正值。如果两个变量的变化趋势相反，如其中一个大于自身的期望值，另外一个却小于自身的期望值，那么两个变量之间的协方差为负值。期望值分别为 $E[X]$ 与 $E[Y]$ 的两个实随机变量 X 与 Y 之间的协方差 $\mathrm{cov}(X,Y)$，其定义为：

$$\mathrm{cov}(X,Y) = E[(X-E[X])(Y-E[Y])]$$
$$= E[XY] - 2E[Y]E[X] + E[X]E[Y]$$
$$= E[XY] - E[X]E[Y]$$

标准差是离均差平方的算术平均数（即方差）的算术平方根，用 σ 表示。标准差也被称为标准偏差，或者实验标准差，在概率统计中作为统计分布程度上的测量依据。

标准差是方差的算术平方根。标准差能反映一个数据集的离散程度。平均数相同的两组数据，标准差未必相同。

其公式如下：

$$\sigma = \sqrt{\frac{\sum_{i=1}^{n}(x_i - \mu)^2}{n}}$$

求方差和协方差的函数是 cov( ) 函数，而标准差是 std( ) 函数。

【例 8.23】　分别计算下面两行数据的方差和标准差，以及它们的协方差。

| 26.4 | 33.5 | 34.4 | 39.4 | 45.2 | 55.4 | 60.9 |
| 34.1 | 42.5 | 43.2 | 49 | 52.8 | 59.4 | 63.5 |

具体解析步骤如下。

步骤 1:将两行数据转换成两个数组 x 和 y。

x = np. array([26. 4,33. 5,34. 4,39. 4,45. 2,55. 4,60. 9])

y = np. array([34. 1,42. 5,43. 2,49,52. 8,59. 4,63. 5])

步骤 2:分别计算数组 x 和 y 的方差和标准差。

```
np.cov(x)
# x 的方差
```

结果为 array(154. 48904762)。

```
np.cov(y)
# y 的方差
```

结果为 array(105. 07142857)。

```
np.std(x)
# x 的标准差
```

结果为 11. 507353460873155。

```
np.std(y)
# y 的标准差
```

结果为 9. 490059245852784。

步骤 3:计算数组 x 和 y 的协方差。

```
np.cov(x,y)
```

结果如下:

array([[154. 48904762,126. 18047619],

    [126. 18047619,105. 07142857]])

由此可见,当 cov 函数计算单个数组时,得出的结果是方差。当两个数组时计算的是协方差;协方差分别在新得出的数组中的左下角和右上角。

8.6 复习题

一、基础操作题

1. 分别按照要求,生成一个一维数组、二维数组,并且查看其 shape。

2. 生成一个一维数组,起始值为 5,终点值为 15,样本数为 10 个。

3. 按照要求创建以下数组:

[[0. 0. 0. 0.]

 [0. 0. 0. 0.]

 [0. 0. 0. 0.]

```
 [ 0.  0.  0.  0.]]
```
——————
```
[[ 1.  1.  1. ]
 [ 1.  1.  1. ]]
```
——————
```
[[ 1  0  0]
 [ 0  1  0]
 [ 0  0  1]]
```
——————

4. 按照要求创建数组,通过索引,求出其 ar[4]、ar[:2,3:]、ar[3][2]。
```
[[  0   1   2   3   4 ]
 [  5   6   7   8   9 ]
 [ 10  11  12  13  14 ]
 [ 15  16  17  18  19 ]
 [ 20  21  22  23  24 ]]
```
——————

5. 按照要求创建数组,筛选出元素值大于 5 的值并生成新的数组。
```
[[ 0 1 2 3 4 ]
 [ 5 6 7 8 9 ]]
```
——————

6. 请按照要求创建数组 ar,再将 ar[:2,:2]的值改为[0,1)的随机数。
```
[[  0.   1.   2.   3.   4. ]
 [  5.   6.   7.   8.   9. ]
 [ 10.  11.  12.  13.  14. ]
 [ 15.  16.  17.  18.  19. ]
 [ 20.  21.  22.  23.  24. ]]
```
——————

7. 创建 2 个包含 10 个元素的正态分布一维数组。
```
[[ 1.80691209  -0.42759925  -0.221131063  -0.37485307  1.14842164 ]
 [  0.9737901   1.1897715    0.35244105    0.47634597  1.11549268 ]
```
——————
```
[[ -1.23161406  0.77564822   0.43458625  -0.61259057  -0.17196289 ]
 [  0.07159064  2.23064504  -1.04968459  -0.6474903  -0.33718213 ]
```
——————

8. 创建一个 20 个元素的数组,分别改变成两个形状:(4,5),(5,6) (提示:超出范围用 resize)。
```
[[  0   1   2   3   4 ]
 [  5   6   7   8   9 ]
 [ 10  11  12  13  14 ]
 [ 15  16  17  18  19 ]]
```

_____
```
[[  0   1   2   3   4   5 ]
 [  6   7   8   9  10  11 ]
 [ 12  13  14  15  16  17 ]
 [ 18  19   0   1   2   3 ]
 [  4   5   6   7   8   9 ]]
```

9. 创建一个(4,4)的数组,把其元素类型改为字符型。

```
[[ '0'  '1'  '2'  '3'  ]
 [ '4'  '5'  '6'  '7'  ]
 [ '8'  '9'  '10' '11' ]
 [ '12' '13' '14' '15' ]]
```

10. 根据要求创建数组,运用数组的运算方法得到结果:result = ar * 10 + 100,并求出 result 的均值及求和。

创建数组为:

```
[[  0   1   2   3 ]
 [  4   5   6   7 ]
 [  8   9  10  11 ]
 [ 12  13  14  15 ]]
```

_____

计算后的数组为:

```
[[ 100  111  120  130 ]
 [ 140  150  160  170 ]
 [ 180  190  200  210 ]
 [ 220  230  240  250 ]]
```

_____

result 的均值为:
175.0

_____

result 求和为:
2800

_____

二、应用题

1. 一种产品需要人工组装,现有两种可供选择的组装方法,为检验哪种方法更好,随机抽取 10 个工人,让他们分别用两种方法组装。下面为 10 个工人分别用两种方法组装的产品数(个):

A 方法:12,14,13,12,13,15,16,13,10,15。

B 方法:10,13,12,12,11,13,15,14,9,11。

用 NumPy 来计算 A、B 两种方法组装产品的平均数和标准差。

2. 某公司拥有多家子公司,公司的管理者想通过广告支出来估计销售收入。为此,他抽取了 7 家子公司,得到广告支出和销售收入的数据如下(单位:万元)。

广告支出 x	12.5	3.7	21.6	60.0	37.6	6.1	16.8
销售收入 y	148	55	338	994	541	89	126

用 NumPy 求出二者的相关系数。

第 9 章

Pandas 数据处理与分析

本章主要介绍 Python 常用的 Pandas 扩展库的特点,及其进行数据处理与分析过程中常用的函数和使用方法。

9.1 Pandas 扩展库

Pandas 是一个强大的分析结构化数据的工具集,它的使用基础是 numpy(提供高性能的矩阵运算),它用于数据挖掘和数据分析,同时也提供数据清洗功能。

数据分析是指根据特定的需求,利用数据分析技术,从特定的角度对数据进行分析并提取有价值的信息,分析的结果可作为后期应用的参考。首先,须了解数据分析在数据处理整个过程中的位置。如图 9-1 所示,数据分析是数据处理过程中的重要环节,可以使用多种软件或语言实现数据分析,如 Python、MATLAB、R 语言、Go 语言等。Python 拥有众多扩展库,更加方便了数据分析的进行。本章将详细介绍如何使用 Python 的扩展库 Pandas 进行数据分析。

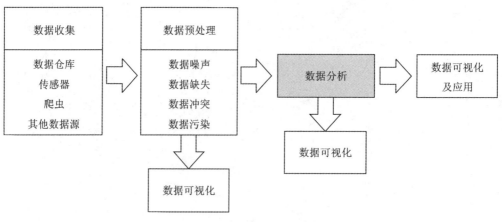

图 9-1　数据处理一般流程

9.1.1　Pandas 简介

Pandas 在数据分析中的优势：

（1）能处理浮点与非浮点数据中的缺失数据，表示为 NaN。

（2）大小可变，可插入或删除 DataFrame 等多维对象的列。

（3）自动、显式数据对齐，即显式地将对象与一组标签对齐，也可以忽略标签，在 Series、DataFrame 计算时自动与数据对齐。

（4）强大、灵活的分组（groupby）功能，转换数据等。

（5）能够把 Python 和 numpy 数据结构中不规则、不同索引的数据轻松地转换为 DataFrame 对象。

（6）基于智能标签，对大型数据集进行切片、索引、子集分解等操作。

（7）成熟的 IO 工具：读取 Excel、JSON、CSV 等文件或支持分隔符的文件。

（8）时间序列：支持日期范围生成、频率转换、移动窗口统计、移动窗口线性回归、日期位移等时间序列功能。

处理数据一般分为几个阶段：数据整理与清洗、数据分析与建模、数据可视化与制表。而 Pandas 是上述处理数据的理想工具，Pandas 适用于处理以下类型的数据：

（1）与 SQL 或 Excel 表类似的，含异构列的表格数据；

（2）有序和无序（非固定频率）的时间序列数据；

（3）带行列标签的矩阵数据，包括同构或异构型数据；

（4）任意其他形式的观测、统计数据集，数据转入 Pandas 数据结构时不必事先标记。

9.1.2　Pandas 常用数据类型

扩展库 Pandas 是基于扩展库 numpy 和 matplotlib 的数据分析模块，是一个开源项目。该模块提供高性能和易于使用的数据结构和数据分析工具。Pandas 可以从各种文件中读取数据，如：CSV、JSON、SQL、Excel 等。然后对数据进行运算操作，如：归并、再成形、选择、数据清洗和数据加工特征等。由于 Pandas 的诸多优势，它也被广泛应用在数学、金融、统计学等各个数据分析领域中。

Pandas 中基础数据结构如下。

（1）Series：带索引的一维数组，由索引和值两部分组成，是类似于字典的结构。其中值的类型可以不同，如果在创建时没有指定索引，则会自动使用从 0 开始的非负整数作为索引。

（2）DataFrame：DataFrame 是 Pandas 中最常见的数据结构之一。它是一种二维表格数据，由索引（index）、列名（columns）和值（values）三部分组成，如图 9-2 所示。

9.1.3　创建 Series 数据

下面通过例 9.1 和例 9.2 说明 Series 数据的创建、访问和修改相关操作，如图 9-2 所示。例题之间有一定的先后顺序，建议按照先后顺序进行训练。

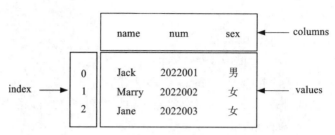

图 9-2 **DataFrame** 结构的组成部分

【**例 9.1**】 创建 Series 一维数组

具体操作如下：

```
import pandas as pd
serie1 = pd. Series([' Jack' , ' Marry' , ' Jane' ])
print(serie1)
0       Jack
1       Marry
2       Jane
dtype: object

serie2 = pd. Series(range(5))
print(serie2)
0       0
1       1
2       2
3       3
4       4
dtype: int64

dict1 = {' name' :' Jack' , ' num' :' 2022001' , ' sex' :' 男' }
serie3 = pd. Series(dict1)
print(serie3)
name      Jack
num       2022001
sex 男
dtype: object
```

```
#自定义索引创建 Series 数据
serie4 = pd. Series([' Jack' , ' Marry' , ' Jane' ], index = list(range(1,4)))
print(serie4)
1        Jack
2        Marry
3        Jane
dtype: object
```

【例 9.2】　访问和修改 Series 数据。

具体操作如下：

```
print(serie1[1])
serie1[1] = ' Mack'
print(serie1)
print(serie1. values)
print(serie3[' name' ])


Marry
0        Jack
1        Mack
2        Jane
dtype: object
[' Jack'  ' Mack'  ' Jane' ]
Jack
```

9.1.4　创建 DataFrame 数据

下面通过例 9.3 说明 DataFrame 数据的创建、访问和修改相关操作。

【例 9.3】　创建图 9-2 所示的 DataFrame 数据。

具体操作如下：

```
import pandas as pd
#设置输出结果对齐
pd. set_option(' display. unicode. ambiguous_as_wide' , True)
pd. set_option(' display. unicode. east_asian_width' , True)
data = {' name' :[' Jack' , ' Marry' , ' Jane' ],
        ' num' :[' 2022001' , ' 2022002' , ' 2022003' ],
        ' sex' :[' 男' , ' 女' , ' 女' ]
      }
```

```
df2 = pd. DataFrame(data)
print(df2)
print(' \ndf2 的索引:\n' , df2. index)
print(' \ndf2 的列:\n' , df2. columns)
print(' \ndf2 的值:\n' , df2. values)
```

结果如下:

```
      name        num      sex
0     Jack      2022001    男
1     Marry     2022002    女
2     Jane      2022003    女
```

df2 的索引:

RangeIndex(start=0, stop=3, step=1)

df2 的列:

Index([' name' , ' num' , ' sex'], dtype=' object')

df2 的值:

[[' Jack' ' 2022001' ' 男']

[' Marry' ' 2022002' ' 女']

[' Jane' ' 2022003' ' 女']]

9.2 数据读取

对数据进行处理和分析之前,需要读取数据,并创建成一个 DataFrame 对象便于后续操作。本节介绍常用的文件数据读取方法。

9.2.1 读取 Excel 数据

以处理 Excel 文件中包含的顾客购买商品的信息为例,演示使用扩展库 Pandas 读取 Excel 文件,创建 DataFrame 对象及其相关操作。图 9-3 是该文件包含的部分内容,共有会员 ID、商品、数量、单价和小计五列数据。

使用 Pandas 扩展库中的 read_excel( ) 函数可读取 Excel 文件数据,该函数的语法格式如下。

```
pandas.read_excel(IO, sheet_name=0, header=0, names=None, index_col=None,
usecols=None, squeeze=False, dtype=None, engine=None, converters=None, true_values
=None, false_values=None, skiprows=None, nrows=None, na_values=None, keep_default_na
=True, na_filter=True, verbose=False,
parse_dates=False, date_parser=None, thousands=None, comment=None,
skipfooter=0, convert_float=True, mangle_dupe_cols=True,
storage_options:Union[Dict[str, Any], NoneType] = None)
```

	A	B	C	D	E
1	会员ID	商品	数量	单价	小计
2	10150	蔬菜水果	1.000	17.350	17.350
3	10150	饮料	1.000	6.500	6.500
4	10236	冻肉	1.000	15.680	15.680
5	10236	啤酒	1.000	3.990	3.990
6	10360	冻肉	1.000	15.680	15.680
7	10360	罐装蔬菜	1.000	12.000	12.000
8	10360	啤酒	1.000	3.990	3.990
9	10360	鱼	3.000	15.500	46.500
10	10451	冻肉	1.000	15.680	15.680
11	10451	罐装蔬菜	1.000	12.000	12.000
12	10451	啤酒	1.000	3.990	3.990
13	10451	甜食	2.000	9.500	19.000
14	10609	蔬菜水果	1.000	17.350	17.350
15	10609	鱼	1.000	15.500	15.500
16	10614	饮料	1.000	6.500	6.500
17	10645	冻肉	3.000	15.680	47.040
18	10645	罐装蔬菜	1.000	12.000	12.000
19	10645	啤酒	2.000	3.990	7.980
20	10645	蔬菜水果	1.000	17.350	17.350
21	10645	鲜肉	1.000	18.950	18.950
22	10717	蔬菜水果	1.000	17.350	17.350
23	10717	鲜肉	1.000	18.950	18.950

图 9-3　顾客购买记录

常用参数及其含义如下。

（1）IO：要读取的 Excel 文件，可以是文件路径、URL 或者文件对象。

（2）sheet_name：要读取的 worksheet，可以是 worksheet 的序号或者 worksheet 的名字；sheet_name＝None 表示读取所有 worksheet 并返回包含多个 DataFrame 结构的字典数据；sheet_name＝0 表示读取第一个 worksheet 中的数据，是默认值。

（3）header：指定 worksheet 中表示表头或列名的行索引，默认为 0；如果没有表头，必须显示定义 header＝None；

（4）usecols：指定要读取的列的索引或名字。

【例 9.4】　读取 Excel 文件数据并输出前 10 行。

具体操作如下：

```
#设置输出结果对齐
pd.set_option(' display.unicode.ambiguous_as_wide' , True)
pd.set_option(' display.unicode.east_asian_width' , True)
#读取 Excel 数据
import pandas as pd
df=pd.read_excel(r' 顾客消费记录.xlsx' ,
    usecols=[' 会员 ID' ,' 商品' ,' 数量' ,' 单价' ,' 消费额' ]
)
#输出前 10 行数据
print(df[:10], end=' \n' )
```

运行结果：

	会员 ID	商品	数量	单价	消费额
0	10150	蔬菜水果	1	17.35	17.35
1	10150	饮料	1	6.50	6.50
2	10236	冻肉	1	15.68	15.68
3	10236	啤酒	1	3.99	3.99
4	10360	冻肉	1	15.68	15.68
5	10360	罐装蔬菜	1	12.00	12.00
6	10360	啤酒	1	3.99	3.99
7	10360	鱼	3	15.50	46.50
8	10451	冻肉	1	15.68	15.68
9	10451	罐装蔬菜	1	12.00	12.00

9.2.2 读取 JSON 数据

JSON(Javascript object notation, JS 对象简谱)是一种轻量级的数据交换格式。

使用 Pandas 扩展库中的 read_json( )函数可读取 JSON 文件数据,该函数的语法格式如下。

```
pandas. read_json(path_or_buf=None, orient=None, typ=' frame', dtype=None,
convert_axes=None, convert_dates=True, keep_default_dates: bool=True,
numpy: bool=False, precise_float: bool=False, date_unit=None, encoding=None,
lines: bool=False,chunksize: Union[int, NoneType]=None,
compression:Union[str, Dict[str, Any], NoneType]=' infer',
nrows: Union[int, NoneType]=None,
storage_options:Union[Dict[str, Any], NoneType]=None)
```

常用参数及其含义如下。

(1) path_or_buf:JSON 字符串、文件路径或文件对象。

(2) orient:指定 Series 或 DataFrame 对象和 JSON 数据的转换格式,转换格式及其含义如表 9-1 所示。orient 的值取决于 typ 的值,当 typ=series 时,取值可以是{split, records, index},默认是 index;当 typ=frame 时,取值可以是{split, records, index, columns, values, table},默认是 columns。

(3) typ:取值有 series 和 frame,默认为 frame,用于指定返回的数据类型,并且影响 orient 的取值。typ=series 是指将 JSON 数据转换为 Series 对象,typ=frame 是指将 JSON 数据为转换 DataFrame 对象。

(4) 返回值:返回 Series 或 DataFrame 对象,取决于 typ 的取值。

表 9-1　数据转换格式及其含义

格式类型	对应的变换方式
split	字典数据：{index -> ［index］, columns -> ［columns］,data -> ［values］}
records	列表数据：［{column -> value}, …, {column -> value}］
index	字典数据：{index -> {column -> value}}
columns	字典数据：{column -> {index -> value}}
values	value 的数组
table	JSON 表

【例 9.5】　JSON 数据与 DataFrame 对象相互转换的简单案例,如下所示。

```
import pandas as pd
#创建 DataFrame 对象
df=pd. DataFrame([[' a' , ' b' ], [' c' , ' d' ]],
                        index=[' index 1' , ' index 2' ],
                        columns=[' col 1' , ' col 2' ])
df #查看 DataFrame 对象 df


col 1 col 2
index1    a        b
index2    c        d
```

（1）当 orient=split。

```
#转换为 JSON 数据
dfSplit=df.to_json(orient=' split' )
print(' JSON 数据 dfSplit 的内容: \n' , dfSplit)
#读取 JSON 数据,使用 split 格式
pd.read_json(dfSplit, orient=' split' )
JSON 数据 dfSplit 的内容:
{"columns":["col 1","col 2"],"index":["index 1","index 2"],"data":[["a","b"],["c","d"]]}
col 1col 2
index 1 a b
index 2 c d
```

（2）当 orient＝records。

```
#转换为 JSON 数据
dfrecords＝df.to_json(orient='records')
print('JSON 数据 dfRecords 的内容: \n', dfRecords)
#读取 JSON 数据, 使用 records 格式
pd.read_json(dfRecords, orient='records')
JSON 数据 dfRecords 的内容:
[{"col 1":"a","col 2":"b"},{"col 1":"c","col 2":"d"}]
col 1col 2
0 a      b
1 c      d
```

（3）当 orient＝index。

```
#转换为 JSON 数据
df Index＝df.to_json(orient='index')
print('JSON 数据 dfRecords 的内容: \n', dfIndex)
#读取 JSON 数据, 使用 index 格式
pd.read_json(df Index, orient='index')
JSON 数据 dfRecords 的内容:
{"index 1":{"col 1":"a","col 2":"b"},"index 2":{"col 1":"c","col 2":"d"}}
col 1col 2
index1   a      b
index2   c      d
```

（4）当 orient＝table。

```
#转换为 JSON 数据
dfTable＝df.to_json(orient='table')
# print('JSON 数据 dfTable 的内容: \n', dfTable)
#JSON 数据 dfTable 的内容:
{"schema":{
    "fields":[
        {"name":"index","type":"string"},
        {"name":"col 1","type":"string"},
        {"name":"col 2","type":"string"}],
    "primaryKey":["index"],
    "pandas_version":"0.20.0"},
    "data":[
```

```
            {"index":"index 1","col 1":"a","col 2":"b"},
            {"index":"index 2","col 1":"c","col 2":"d"}]
}
#读取 JSON 数据,使用 table 格式
pd.read_json(dfTable, orient='table')
col 1col 2
index1    a        b
index2    c        d
```

9.2.3　读取 CSV 数据

逗号分隔值(comma-separated values,CSV,又称字符分隔值,因为分隔字符不一定用逗号),其文件以纯文本形式存储表格数据(数字或文本)。

使用 Pandas 扩展库中的 read_csv( ) 函数可读取 CSV 文件数据,该函数的语法格式如下。

```
pandas. read_csv(filepath_or_buffer, sep=NoDefault. no_default, delimiter=None,
header='infer', names=NoDefault. no_default, index_col=None, usecols=None,
squeeze=None, prefix=NoDefault. no_default, mangle_dupe_cols=True, dtype=None,
engine=None, converters=None, true_values=None, false_values=None,
skipinitialspace=False, skiprows=None, skipfooter=0, nrows=None, na_values=None,
keep_default_na=True, na_filter=True, verbose=False, skip_blank_lines=True,
parse_dates=None, infer_datetime_format=False, keep_date_col=False,
date_parser=None,dayfirst=False, cache_dates=True, iterator=False, chunksize=None,
compression='infer', thousands=None, decimal='.', lineterminator=None, quotechar='"',
quoting=0, doublequote=True, escapechar=None, comment=None, encoding=None, encoding_
errors='strict', dialect=None, error_bad_lines=None, warn_bad_lines=None, on_bad_lines=
None, delim_whitespace=False, low_memory=True,
memory_map=False, float_precision=None, storage_options=None)
```

常用参数及其含义如下。

(1)filepath_or_buffer:指定数据的输入路径;支持多种格式,可以是文件路径、URL 等,一般情况下读取 .csv 文件使用较多。

(2)sep:读取 csv 文件时指定的分隔符,默认为逗号,其中 CSV 文件的分割和读取指定的分隔符须一致。

(3)delimiter:与 sep 作用类似。

(4)header:设置创建 DataFrme 对象的列的名称,默认为 infer。

(5)names:当 names 没有赋值时,header 会变成 0,即选取数据文件的第一行作为列名;当 names 被赋值,而 header 没有赋值时,则 header 就变成 None 值;如果都被赋值,则实现两

个参数的组合功能。

（6）index_col：指定生成的 DataFrame 对象的索引为文件中的某一列,否则使用默认索引。

（7）usecols：指定读取文件中的列。

（8）encoding：指定数据编码方式,有'utf-8''gbk'等。

【例 9.6】　使用 read_csv( )函数读取 CSV 文件中的数据。

（1）读取 CSV 文件时,数据中包含汉字的情况下通常需要设置编码方式参数的值为：encoding='gbk'。

```
import pandas as pd
#设置数据显示列数
pd. set_option(' display. max_columns' ,5)
#设置输出结果对齐
pd. set_option(' display. unicode. ambiguous_as_wide' , True)
pd. set_option(' display. unicode. east_asian_width' , True)
#读取 CSV 文件中的数据
pd. read_csv(' 用户基本信息 . csv' ,encoding=' gbk' )
```

运行结果：

	户主姓名	户主身份证号	...	入股方式	行政区划
0	尹纪坤	37XX2719670XX73000	...	NaN	371323.0
1	于彦海	37XX23198502087000	...	NaN	371323.0
2	安海亮	37XX23198204077000	...	NaN	371323.0
3	安培辰	37XX2719630XX77000	...	NaN	371323.0
4	安玉法	37XX27196505237000	...	NaN	371323.0
...	...	...	...	...	...
14737	王华良	37XX231984XX092000	...	无	371323.0
14738	张强	37XX23198312XX2000	...	无	371323.0
14739	张富保	37XX27196905062000	...	无	371323.0
14740	王永海	37XX23198412295000	...	无	371323.0
14741	杨少锋	37XX27196208300000	...	无	371323.0

14742 rows × 22 columns

（2）不使用默认的索引,通过设置 index_col 参数指定'户主姓名'的列为 DataFrame 对象的索引。

```
#读取 CSV 文件中的数据
pd. read_csv(' 用户基本信息 . csv' ,encoding=' gbk' ,index_col=' 户主姓名' )
```

运行结果：

户主姓名	户主身份证号	性别	...	入股方式	行政区划
尹纪坤	37XX2719670XX73000	男	...	NaN	371323.0
于彦海	37XX23198502087000	男	...	NaN	371323.0
安海亮	37XX23198204077000	男	...	NaN	371323.0
安培辰	37XX2719630XX77000	男	...	NaN	371323.0
安玉法	37XX27196505237000	男	...	NaN	371323.0
...	...	...	...	...	...
王华良	37XX231984XX092000	男性	...	无	371323.0
张强	37XX23198312XX2000	男性	...	无	371323.0
张富保	37XX27196905062000	男性	...	无	371323.0
王永海	37XX23198412295000	男性	...	无	371323.0
杨少锋	37XX27196208300000	男性	...	无	371323.0

14742　rows × 21 columns

（3）该'用户基本信息.csv'文件中有很多列是空值，设置 usecols 参数的值读取'户主姓名''户主身份证号''性别'这三列数据。

```
#读取 CSV 文件中的数据
pd. read_csv(' 用户基本信息 . csv' ,encoding =' gbk' ,
            usecols =[' 户主姓名' ,' 户主身份证号' ,' 性别' ])
```

运行结果：

	户主姓名	户主身份证号	性别
0	尹纪坤	37XX2719670XX73000	男
1	于彦海	37XX23198502087000	男
2	安海亮	37XX23198204077000	男
3	安培辰	37XX2719630XX77000	男
4	安玉法	37XX27196505237000	男
...			
14737	王华良	37XX231984XX092000	男
14738	张强	37XX23198312XX2000	男
14739	张富保	37XX27196905062000	男
14740	王永海	37XX23198412295000	男
14741	杨少锋	37XX27196208300000	男

14742　rows× 3 columns

9.3 数据清洗

在开始数据分析前,大量的工作都是对数据进行清洗和预处理。对一份干净合理的数据进行分析和后续的处理,得到的分析结果或者模型才准确、合理和稳定。本节将介绍对重复数据的处理和缺失数据的处理。

9.3.1 处理重复数据

在数据分析的过程中遇到重复数据时,一般的处理办法就是将重复的数据删除。DataFrame 对象提供 duplicated( )函数用于检测重复数据,其语法格式如下:

> duplicated(subset: ' Optional[Union[Hashable, Sequence[Hashable]]]' = None,
> keep: ' Union[str, bool]' = ' first')

常用参数及其含义如下。

(1)subset:指定哪一列或多列需要判断不同行之间是否存在数据重复,默认使用整行所有列的数据进行比较。

(2)keep=' first' :表示重复数据第一次出现时标记为 False,keep=' last' 表示重复数据最后一次出现标记为 False,keep=False 表示标记所有重复数据为 True。

> duplicated()函数用于检测重复数据, 而 DataFrame 对象提供 drop_duplicated()函数用于检测重复数据并删除重复数据,其语法格式如下.
> drop_duplicates(subset: ' Optional[Union[Hashable,
> Sequence[Hashable]]]' = None, keep: ' Union[str, bool]' = ' first' , inplace: ' bool' = False,
> ignore_index: ' bool' = False)

常用参数及其含义如下。

(1)subset:指定哪一列或多列需要判断不同行之间是否存在数据重复,默认使用整行所有列的数据进行比较。

(2)keep=' first' :表示重复数据第一次出现时标记为 False,keep=' last' 表示重复数据最后一次出现标记为 False,keep=False 表示标记所有重复数据为 True。

(3)inplace=True:指原地修改,此时 drop_duplicated( ) 函数没有返回值;inplace=False 指返回新的 DataFrame 对象而不对原来的 DataFrame 对象做任何修改。

【例 9.7】 检测 Excel 文件中重复的数据,并删除重复数据。

具体操作如下:

```
#检测重复数据
import pandas as pd
#读取数据
df=pd. read_excel(r' 顾客消费数据 . xlsx' )
#设置输出结果对齐
pd. set_option(' display. unicode. ambiguous_as_wide' , True)
pd. set_option(' display. unicode. east_asian_width' , True)
print(' 数据总行数: ' , len(df))
print(' \n 重复数据: \n' , df[df. duplicated()])
```

运行结果:

数据总行数: 2805

重复数据:

	会员 ID	商品	数量	单价	消费额
819	37917	葡萄酒	1	20. 00	20. 00
823	37917	鲜肉	1	18. 95	18. 95
2800	10609	蔬菜水果	1	17. 35	17. 35
2801	10609	鱼	1	15. 50	15. 50
2802	10614	饮料	1	6. 50	6. 50
2803	10645	冻肉	3	15. 68	47. 04
2804	10645	罐装蔬菜	1	12. 00	12. 00

```
#删除重复数据
df =df. drop_duplicates()
print(' 有效数据行数: ' , len(df))
```

运行结果:

有效数据行数: 2798

从运行结果可以看出,未删除重复行之前的数据总行数为 2805;检测到重复数据有 7 行,执行删除操作后,总行数变为 2798 行。

9.3.2 处理缺失数据

缺失数据是指文件因为某些原因导致数据不完整,或者某些字段的值为空。这种情况下一般需要根据数据的用途、应用领域、重要性综合考虑处理方式。一般处理方式:一是删除数据,二是填充或替换(使用均值、中位数、众数等进行填充)。

在处理缺失数据之前,可以使用 DataFrame 对象的 info( )、isnull( )、notnull( )函数找到缺失数据的字段。

【例 9.8】 查看"国民经济核算季度数据.xlsx"的整体信息。

(1)读取数据并输出前 10 行。

```
import pandas as pd
#读取数据
df = pd. read_excel(' 国民经济核算季度数据 . xlsx' )

#设置输出结果对齐
pd. set_option(' display. unicode. ambiguous_as_wide' , True)
pd. set_option(' display. unicode. east_asian_width' , True)
print(' 输出数据前 10 行: \n' , df. head(10))
```

输出数据前 10 行:

序号		时间		房地产业增加值_当季值/亿元	其他行业增加值_当季值/亿元
0	1	2000 年第一季度	...	933. 7	3586. 1
1	2	2000 年第二季度	...	904. 7	3464. 9
2	3	2000 年第三季度	...	1070. 9	3518. 2
3	4	2000 年第四季度	...	1239. 7	3521. 5
4	5	2001 年第一季度	...	1074. 4	4342. 2
5	6	2001 年第二季度	...	1015. 1	4187. 7
6	7	2001 年第三季度	...	1215. 2	4234. 5
7	8	2001 年第四季度	...	1410. 4	4216. 5
8	9	2002 年第一季度	...	1204. 5	5072. 0
9	10	2002 年第二季度	...	1145. 1	4867. 0

(2)输出数据整体信息。

```
df. info()
[10 rows x 15 columns]
<class ' pandas. core. frame. DataFrame' >
RangeIndex: 69 entries, 0 to 68
Data columns (total 15 columns):
```

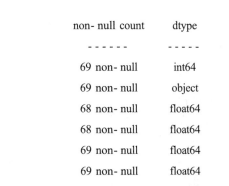

#	column	non-null count	dtype
0	序号	69 non-null	int64
1	时间	69 non-null	object
2	国内生产总值_当季值/亿元	68 non-null	float64
3	第一产业增加值_当季值/亿元	68 non-null	float64
4	第二产业增加值_当季值/亿元	69 non-null	float64
5	第三产业增加值_当季值/亿元	69 non-null	float64
6	农林牧渔业增加值_当季值/亿元	67 non-null	float64
7	工业增加值_当季值/亿元	69 non-null	float64
8	建筑业增加值_当季值/亿元	68 non-null	float64
9	批发和零售业增加值_当季值/亿元	68 non-null	float64
10	交通运输、仓储和邮政业增加值_当季值/亿元	68 non-null	float64
11	住宿和餐饮业增加值_当季值/亿元	69 non-null	float64
12	金融业增加值_当季值/亿元	68 non-null	float64
13	房地产业增加值_当季值/亿元	68 non-null	float64
14	其他行业增加值_当季值/亿元	69 non-null	float64

dtypes：float64(13)，int64(1)，object(1)

memory usage：8.2+ kB　　　　根据 info( )函数的返回信息可以看出：

（1）总共有 69 条数据，每条数据包含 15 列；

（2）其中名称为"序号""时间"等的列包含非空数据最多 69；

（3）名称为"国内生产总值_当季值(亿元)""第一产业增加值_当季值(亿元)""农林牧渔业增加值_当季值(亿元)"等的列只有 67 或 68 个非空数据，证明文件中存在缺失数据。

使用 isnull( )函数查看缺失值时，缺失的字段会返回 True，非缺失字段返回 False。而 notnull( )函数与 isnull( )相反，即缺失返回 False，非缺失返回 True。下面通过例 9.9 说明这两个函数的使用方法。

【例 9.9】　使用 isnull( )和 notnull( )方法查看"国民经济核算季度数据.xlsx"中的缺失值。

```
#查看缺失数据
df.isnull()
#查看缺失值
df.notnull()
```

通过上述操作查看以后，可以确定数据是否存在缺失的情况。若数据缺失，则需要根据实际情况选择处理方式。具体处理方式有如下两种。

（1）删除存在缺失值的数据，使用 DataFrame 对象的 dropna( )函数。该函数的语法格式如下。

DataFrame. dropna(axis=0, how=' any', thresh=None, subset=None, inplace=False)

常用参数及其含义如下。

①axis：指定是否删除包含缺失值的行或列。axis=0 表示删除包含缺失值的行,axis=1 表示删除包含缺失值的列,默认 axis=0;

②how：指定存在缺失值或者全部值缺失时是否删除行或列。how=′any′表示如果存在缺失值,则删除该行或列;how=′all′表示全部为缺失值时,则删除该行或列一般默认 how=′any′。

③inplace：inplace=True 表示该删除操作在原本的数据中执行,inplace=False 表示删除操作不在原数据中执行,会返回一个新的 DataFrame 对象,默认取值为 False。

④返回值：取决于参数 inplace 的取值情况。

【例 9.10】 删除"国民经济核算季度数据 . xlsx"中存在缺失值的数据。

```
print(' 删除存在缺失值数据之前的数据形状: ',df. shape)
#删除存在缺失值的数据
dfDrop  =df. dropna()
print(' 删除存在缺失值数据之后的数据形状: ',dfDrop. shape)
```

运行结果：

删除存在缺失值数据之前的数据形状: (69, 15)
删除存在缺失值数据之后的数据形状: (60, 15)

df. shapes 属性返回的是 DataFrame 对象的行数和列数。从运行结果可以看出：数据删除之前有 69 行 15 列,删除之后有 60 行 15 列,则数据中存在缺失值的数据共有 9 行。

（2）对存在缺失值的数据进行填充,填充的数据需要根据实际情况来确定。DataFrame 对象使用 fillna( )函数实现填充,其语法格式如下。

DataFrame. fillna(value=None, method=None, axis=None, inplace=False, limit=None, downcast=None)

常用参数及其含义如下。

（1）value：用于填充缺失值的数据,该数据不能是列表。

（2）inplace：inplace=True 表示在原数据中修改,inplace=False 表示不在原数据中修改, 会返回一个新的 Dataframe 对象。

（3）返回值：取决于参数 inplace 的取值。

【例 9.11】 以'国民经济核算季度数据. xlsx' 为例,用 0 填充存在缺失值的数据。

```
import pandas as pd
# 读取数据
df=pd.read_excel(' 国民经济核算季度数据.xlsx' )
#查看数据信息
print(df.info())
```

运行结果如下：

<class ' pandas.core.frame.DataFrame' >
RangeIndex: 69 entries, 0 to 68
Data columns (total 15 columns):

#	Column	Non-Null Count	Dtype
0	序号	69 non-null	int64
1	时间	69 non-null	object
2	国内生产总值_当季值(亿元)	68 non-null	float64
3	第一产业增加值_当季值(亿元)	68 non-null	float64
4	第二产业增加值_当季值(亿元)	69 non-null	float64
5	第三产业增加值_当季值(亿元)	69 non-null	float64
6	农林牧渔业增加值_当季值(亿元)	67 non-null	float64
7	工业增加值_当季值(亿元)	69 non-null	float64
8	建筑业增加值_当季值(亿元)	68 non-null	float64
9	批发和零售业增加值_当季值(亿元)	68 non-null	float64
10	交通运输、仓储和邮政业增加值_当季值(亿元)	68 non-null	float64
11	住宿和餐饮业增加值_当季值(亿元)	69 non-null	float64
12	金融业增加值_当季值(亿元)	68 non-null	float64
13	房地产业增加值_当季值(亿元)	68 non-null	float64
14	其他行业增加值_当季值(亿元)	69 non-null	float64

dtypes: float64(13), int64(1), object(1)
memory usage: 7.9+ kB
None
#从运行结果可看出，文件中共有 69 行 15 列数据，每列数据的非空数值最多有 69 个，
即# 第 2、3、6、8、9、10、12、13 列都存在缺失值.
以‘ 国内生产总值_当季值(亿元)’ 这一列数据为例，查看那些行有缺失数据
df[df[' 国内生产总值_当季值(亿元)'].isnull()]
#结果显示第 62 行存在缺失值
使用 0 对缺失值进行填充
df[' 国内生产总值_当季值(亿元)'].fillna(0, inplace=True)
#查看第 62 行数据
df.iloc[62]

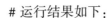
运行结果如下：

序号	63
时间	2015 年第三季度
国内生产总值_当季值(亿元)	0
第一产业增加值_当季值(亿元)	18087.5
第二产业增加值_当季值(亿元)	71665.3
第三产业增加值_当季值(亿元)	86957.7
农林牧渔业增加值_当季值(亿元)	18645.9
工业增加值_当季值(亿元)	59362.5
建筑业增加值_当季值(亿元)	12577.4
批发和零售业增加值_当季值(亿元)	16589.1
交通运输、仓储和邮政业增加值_当季值(亿元)	7897.9
住宿和餐饮业增加值_当季值(亿元)	3106.8
金融业增加值_当季值(亿元)	14407.9
房地产业增加值_当季值(亿元)	10460.9
其他行业增加值_当季值(亿元)	33662

Name: 62, dtype: object

#从运行结果可看出，'国内生产总值_当季值(亿元)' 这个字段的值

#从 NaN 变为 0.

9.4　数据管理

　　DataFrame 对象提供对数据的添加、删除、修改、查询操作。本节将介绍有关 DataFrame 对象数据的相关操作及其常用方法。

9.4.1　数据筛选

　　在实际的应用中，文件中的数据并不是都需要，这时应该对数据进行一定的筛选。DataFrame 对象可使用 loc 属性和 iloc 属性进行多数据筛选，使用 at 属性和 iat 属性进行单个值的筛选；还可以进行行和列的切片操作，访问特定的行、列，或者符合指定条件的数据。本节将对数据的各种筛选方法进行介绍。

1. loc 属性和 iloc 属性

　　DataFrame 对象的 loc 属性和 iloc 属性的区别如下。

　　（1）loc 属性：是基于标签的数据筛选，以列名（columns）和行名（index）作为参数；只有一个参数时，默认该参数是行，筛选整行数据，包括所有的列。

　　（2）iloc 属性：是基于索引的数据筛选，以行和列索引作为参数；只有一个参数时，默认该参数是行索引，筛选整行数据，包括所有的列。

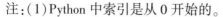

注：（1）Python 中索引是从 0 开始的。

（2）loc 和 iloc 即可以进行区域筛选，也可以进行单元格定位筛选。

【例 9.12】 使用 loc 属性访问数据指定的行和列。

（1）使用 loc 属性访问"国民…. xlsx"的 1,3,5,7 行。

具体操作如下：

```
import pandas as pd
#设置输出结果对齐
pd.set_option(' display.unicode.ambiguous_as_wide' , True)
pd.set_option(' display.unicode.east_asian_width' , True)
#读取数据, 使用默认索引
df=pd.read_excel(' 顾客消费数据.xlsx' )
#使用 loc 访问 1,3,5,7 行
print(' 访问 1,3,5,7 行: \n' , df.loc[[1,3,5,7]])
```

运行结果：

访问 1,3,5,7 行:

	会员 ID	商品	数量	单价	消费额
1	10150	饮料	1	6.50	6.50
3	10236	啤酒	1	3.99	3.99
5	10360	罐装蔬菜	1	12.00	12.00
7	10360	鱼	3	15.50	46.50

（2）使用 loc 属性访问 1,3,5,7 行的会员 ID 和商品列。

```
print(' 访问 1,3,5,7 行的会员 ID 和商品列: \n' ,
    df. loc[[1,3,5,7], [' 会员 ID' ,' 商品' ]])
```

运行结果：

访问 1,3,5,7 行的会员 ID 和商品列:

	会员 ID	商品
1	10150	饮料
3	10236	啤酒
5	10360	罐装蔬菜
7	10360	鱼

【例 9.13】 对"国民…. xlsx"使用 iloc 访问器访问数据指定的行和列。

(1)访问第 1 行的数据。

```
import pandas as pd
#设置输出结果对齐
pd.set_option(' display.unicode.ambiguous_as_wide' , True)
pd.set_option(' display.unicode.east_asian_width' , True)
#读取数据, 使用默认索引
df = pd.read_excel(' 顾客消费数据 . xlsx' )
#访问 1 行的所有数据
df. iloc[1]
```

运行结果:

会员 ID	10150
商品	饮料
数量	1
单价	6. 5
消费额	6. 5

Name: 1, dtype: object

(2)访问 1,3,5,7 行的数据。

```
#访问 1,3,5,7 行
print(' 访问 1,3,5,7 行: \n' , df. iloc[[1,3,5,7]])
```

运行结果:

访问 1,3,5,7 行:

	会员 ID	商品	数量	单价	消费额
1	10150	饮料	1	6.50	6.50
3	10236	啤酒	1	3.99	3.99
5	10360	罐装蔬菜	1	12.00	12.00
7	10360	鱼	3	15.50	46.50

(3)访问 1,3,5,7 行的 1,2,3 列的数据。

```
#访问 1,3,5,7 行的 1,2,3 列
print(' 访问 1,3,5,7 行: \n' , df. iloc[[1,3,5,7],[0,1,2]])
```

运行结果：

访问第 1，3，5，7 行：

	会员 ID	商品	数量
1	10150	饮料	1
3	10236	啤酒	1
5	10360	罐装蔬菜	1
7	10360	鱼	3

2. at 属性和 iat 属性

DataFrame 对象的 at 属性和 iat 属性的区别如下。

（1）at 属性：访问行、列标签与对应的单个值。与 loc 属性类似，两者都是基于标签的筛选。

（2）iat 属性：访问行、列索引对应的单个值。与 iloc 属性类似，两者都是基于索引的筛选。

【例 9.14】　使用 at 和 iat 属性访问"国民…. xlsx"中指定的数据值。

（1）使用 at 访问第 1 行数据的会员 ID。

```
import pandas as pd
#设置输出结果对齐
pd. set_option(' display. unicode. ambiguous_as_wide' , True)
pd. set_option(' display. unicode. east_asian_width' , True)
#读取数据, 使用默认索引
df=pd. read_excel(' 顾客消费数据 . xlsx' )
print(' 前 5 行数据: \n' ,df [0:5])
#使用 at 访问第 1 行数据的会员 ID
print(' \n 访问第 1 行数据的会员 ID: \n' , df. at[1,' 会员 ID' ])
```

运行结果：

前 5 行数据：

	会员 ID	商品	数量	单价	消费额
0	10150	蔬菜水果	1	17.35	17.35
1	10150	饮料	1	6.50	6.50
2	10236	冻肉	1	15.68	15.68
3	10236	啤酒	1	3.99	3.99
4	10360	冻肉	1	15.68	15.68

访问第 1 行数据的会员 ID：

10150

（2）使用 iat 访问第一行数据的商品名称。

```
print(' 访问第 1 行数据的商品名称: ',df.iat[1,1])
访问第 1 行数据的商品名称: 饮料
```

3. 其他数据筛选方法

除上述介绍的数据筛选方法以外,还有切片等方式,下面通过例题展示切片等方式进行数据筛选。

【例 9.15】 使用切片输出文件数据的 5～10 行。如下所示:

```
import pandas as pd
#设置输出结果对齐
pd.set_option(' display.unicode.ambiguous_as_wide' , True)
pd.set_option(' display.unicode.east_asian_width' , True)
#读取数据, 使用默认索引
df = pd.read_excel(' 顾客消费数据.xlsx' )
#输出 5- 10 行的数据
print(' 5- 10 行的数据: \n' , df [5:11])
```

运行结果:

5～10 行的数据:

	会员 ID	商品	数量	单价	消费额
5	10360	罐装蔬菜	1	12.00	12.00
6	10360	啤酒	1	3.99	3.99
7	10360	鱼	3	15.50	46.50
8	10451	冻肉	1	15.68	15.68
9	10451	罐装蔬菜	1	12.00	12.00
10	10451	啤酒	1	3.99	3.99

【例 9.16】 访问"国民…. xlsx"中符合下列特定条件的数据:

（1）小计总额大于 50 的数据;

（2）求交易总额;

（3）葡萄酒的总交易额;

（4）会员 ID 为 18079 和 76944 顾客的购买总额;

（5）购买记录的交易额在 50～80 元的数据。

```
print(' 小计大于 50 的数据 \n', df [df [' 小计' ]>50])
print(' \n 交易总额:', df[' 小计' ]. sum())
print(' \n 商品是葡萄酒的交易总额:',
        df [df [' 商品' ]==' 葡萄酒' ][' 小计' ]. sum())
print(' \n 会员 ID 为 18079 和 76944 的顾客的购买总额:',
        df [df [' 会员 ID' ]. isin([18079, 76944])][' 小计' ]. sum())
print(' \n 购买总额在 50- 80 元的交易记录: \n',
        df [df [' 小计' ]. between(50,80)])
```

运行结果:

小计大于 50 的数据:

	会员 ID	商品	数量	单价	小计
248	18079	葡萄酒	4	20.00	80.00
1830	76944	葡萄酒	3	20.00	60.00
2291	93891	蔬菜水果	3	17.35	52.05
2303	94004	罐装肉	4	15.00	60.00
2336	94754	鱼	4	15.50	62.00
2347	95354	罐装肉	4	15.00	60.00
2438	97761	葡萄酒	3	20.00	60.00
2643	104630	葡萄酒	3	20.00	60.00
2777	109224	蔬菜水果	3	17.35	52.05

交易总额: 38756.479999999996
商品是葡萄酒的交易总额: 6040.0

	会员 ID	商品	数量	单价	小计
248	18079	葡萄酒	4	20.00	80.00
1830	76944	葡萄酒	3	20.00	60.00
2291	93891	蔬菜水果	3	17.35	52.05
2303	94004	罐装肉	4	15.00	60.00
2336	94754	鱼	4	15.50	62.00
2347	95354	罐装肉	4	15.00	60.00
2438	97761	葡萄酒	3	20.00	60.00
2643	104630	葡萄酒	3	20.00	60.00
2777	109224	蔬菜水果	3	17.35	52.05

9.4.2 数据添加

为了得到更好的分析结果,有时候需要在数据中添加一些辅助数据以进行分析,下面介绍按列添加数据和按行添加数据的操作。

以图 9-4 为例,展示数据的添加操作。图 9-4 为学生的成绩信息,其中索引是学生的学号,已经有英语、数据分析和高等数学三门课程的成绩。

	英语	数据分析	高等数学
202201	98	89	78
202202	92	90	85
202203	67	95	89

图 9-4 学生成绩

【例 9.17】 现需要再加一门 Python 程序设计课程的成绩,成绩分别为 99、88 和 94 分。

(1)方法一:利用 DataFrame 对象的索引添加数据。

```
#学生成绩
import pandas as pd
data=[[98, 89, 78], [92, 90, 85], [67, 95, 89]]
num=[' 202201' , ' 202202' , ' 202203' ]
courses=[' 英语' , ' 数据分析' , ' 高等数学' ]
df=pd. DataFrame(data=data, index=num, columns=courses)
df [' Python 程序设计' ]=[99, 88, 94]
df
```

运行结果:

	英语	数据分析	高等数学	Python 程序设计
202201	98	89	78	99
202202	92	90	85	88
202203	67	95	89	94

(2)方法二:利用 loc 属性添加数据。

```
#使用 loc 属性添加 Python 程序设计成绩
df. loc[:,' Python 程序设计' ]=[99, 88, 94]
df
```

运行结果：

	英语	数据分析	高等数学	Python 程序设计
202201	98	89	78	99
202202	92	90	85	88
202203	67	95	89	94

（3）方法三：使用 insert( ) 函数添加数据。该函数可以指定添加的位置，其语法格式如下所示。

> DataFrame.insert(loc, column, value, allow_duplicates=False)

常用参数及其含义如下。
①loc：指定添加位置，即哪一列。
②column：设置所添加的列的标签。
③value：该列的数据值。

```
#在英语后一列添加 Python 程序设计成绩
scores=[99, 88, 94]
df. insert(1,' Python 程序设计' ,scores)
df
```

运行结果：

	英语	Python 程序设计	数据分析	高等数学
202201	98	99	89	78
202202	92	88	90	85
202203	67	94	95	89

【例 9.18】　如图 9-4 所示的学生成绩中需要添加更多学生的英语、数据分析和高等数学的成绩，学号和成绩信息如表 9-2 所示。

表 9-2　学生成绩信息

学号	英语	数据分析	高等数学
202204	86	88	90
202205	96	95	67
202218	90	88	80
202220	78	85	89

```
#按行添加数据
dfAppend = pd.DataFrame({'英语':[86,96,90,78],
                          '数据分析':[88,95,88,85],
                          '高等数学':[90,67,80,89]},
                        index = ['202204','202205','202218','202220']
                        )
dfAll = df.append(dfAppend)
dfAll
```

运行结果：

	英语	数据分析	高等数学
202201	98	89	78
202202	92	90	85
202203	67	95	89
202204	86	88	90
202205	96	95	67
202218	90	88	80
202220	78	85	89

9.4.3　数据修改

DataFrame 对象一共由三部分组成：索引（index）、列名（columns）和值（values）。所以数据修改可以修改索引、列名和值三部分。下面通过例9.19~例9.21展示修改方法。

【例9.19】　将图9-4所示数据的学号转变为数据列，将索引改为序号。

```
#学生成绩
import pandas as pd
data = [[98, 89, 78], [92, 90, 85], [67, 95, 89]]
num = ['202201','202202','202203']
courses = ['英语','数据分析','高等数学']
df = pd.DataFrame(data=data, index=num, columns=courses)
#将学号转变为数据列
num = ['202201','202202','202203']
df.insert(0,'学号',num)
df.index = list(range(3))
df
```

运行结果:

	学号	英语	数据分析	高等数学
0	202201	98	89	78
1	202202	92	90	85
2	202203	67	95	89

【例 9.20】　如图 9-4 所示,修改数据分析课程名称为 Python 程序设计与数据分析。

```
#将数据分析修改为 Python 程序设计与数据分析
df.columns=['英语', 'Python 程序设计与数据分析', '高等数学']
df
```

运行结果:

	英语	Python 程序设计与数据分析	高等数学
202201	98	89	78
202202	92	90	85
202203	67	95	89

【例 9.21】　如图 9-4 所示,修改学号为 202202 学生的高等数学成绩为 95 分。
方法一:使用 loc 属性。

```
#使用 loc 属性
df.loc['202202','高等数学']=95
df
```

运行结果:

	英语	数据分析	高等数学
202201	98	89	78
202202	92	90	95
202203	67	95	89

方法二:使用 iloc 属性。

```
#使用 iloc 属性
df.iloc[1,2]=95
df
```

运行结果:

	英语	数据分析	高等数学
202201	98	89	78
202202	92	90	95
202203	67	95	89

9.4.4 数据删除

DataFrame 对象提供删除数据的 drop( ) 函数,其语法格式如下。

DataFrame. drop(labels=None, axis=0, index=None, columns=None, level=None,inplace=False, errors=' raise')

常用参数及其含义如下。

(1)labels:指定要删除的索引(即行标签)或列标签;

(2)axis:指定删除行还是列,axis=0 表示删除行,此时 labels 的值为行标签,axis=1 表示删除列,此时 labels 的值为列标签。

【例 9.22】 如图 9-4 所示,删除所有英语成绩。

```
#学生成绩
import pandas as pd
data=[[98, 89, 78], [92, 90, 85], [67, 95, 89]]
num=[' 202201', ' 202202', ' 202203' ]
courses=[' 英语' , ' 数据分析', ' 高等数学' ]
df=pd. DataFrame(data=data, index=num, columns=courses)
df. drop(' 英语' , axis=1)
```

运行结果:

	数据分析	高等数学
202201	89	78
202202	90	85
202203	95	89

【例 9.23】 如图 9-4 所示,删除学号为 202202 学生的所有成绩信息。

```
df.drop(' 202202' )
```

运行结果:

	英语	数据分析	高等数学
202201	98	89	78
202203	67	95	89

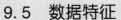

9.5　数据特征

数据分析时,可能需要查看数据的数量、平均值、标准差、最大值、最小值、四分位数等特征,下面通过例 9.24 演示如何查看这些特征。

【例 9.24】　查看图 9.3 中顾客消费数据的特征。

(1)查看消费额这一列的数据特征。

```
#查看指定列的统计信息
import pandas as pd
#读取数据
df=pd.read_excel(r'顾客消费数据.xlsx')
print("查看指定'消费额'列的统计信息: \n", df['消费额']. describe())
```

运行结果:

查看指定'消费额'列的统计信息:

```
count   2805.000000
mean      13.852004
std        6.504460
min        3.990000
25%        9.500000
50%       15.500000
75%       17.350000
max       80.000000
```

Name:消费额, dtype: float64

(2)查看最高的单价。

```
print('最高单价: ', df['单价'].max())
print('最低单价: ', df['单价'].min())
最高单价: 20.0
最低单价: 3.99
```

(3)查看消费额这一列的四分位数。

```
print('消费额四分位数: ', df['消费额'].quantile([0, 0.25, 0.5, 0.75, 1.0]))
```

运行结果：

消费额四分位数：

0.00	3.99
0.25	9.50
0.50	15.50
0.75	17.35
1.00	80.00

Name:消费额, dtype: float64

（4）查看消费额这一列的中值。

```
print(' 消费额中值: ' , df[' 消费额' ].median())
消费额中值: 15.5
```

（5）查看消费额最低的 5 条数据。

```
print(' 交易额最小的五条数据: \n' , df. nsmallest(5, ' 消费额' ))
```

运行结果：

交易额最小的五条数据：

	会员 ID	商品	数量	单价	消费额
3	10236	啤酒	1	3.99	3.99
6	10360	啤酒	1	3.99	3.99
10	10451	啤酒	1	3.99	3.99
25	10872	啤酒	1	3.99	3.99
37	10944	啤酒	1	3.99	3.99

（6）查看消费额最大的 5 条数据。

```
print(' 交易额最大的五条数据: \n' , df. nlargest(5, ' 消费额' ))
```

运行结果：

交易额最大的五条数据：

	会员 ID	商品	数量	单价	消费额
248	18079	葡萄酒	4	20.0	80.0
2336	94754	鱼	4	15.5	62.0
1830	76944	葡萄酒	3	20.0	60.0
2303	94004	罐装肉	4	15.0	60.0
2347	95354	罐装肉	4	15.0	60.0

9.6　数据排序

在 DataFrame 结构使用 sort_index ( ) 函数,可沿指定方向按标签排序并返回一个新的 DataFrame 对象。该函数的语法格式如下。

> sort_index(axis＝0, level＝None, ascending: ' Union[Union[bool,int],
>
> Sequence[Union[bool, int]]]' ＝True, inplace: ' bool' ＝False, kind: ' str' ＝' quicksort' , na_
>
> position: ' str' ＝' last' , sort_remaining: ' bool' ＝True, ignore_index: ' bool' ＝False, key: '
>
> IndexKeyFunc' ＝None)

常用参数及其含义如下。

(1)axis:axis＝0 是根据行索引标签进行排序,axis＝1 是根据列名进行排序。

(2)ascending:ascending＝True 是升序排序,ascending＝False 是降序排序。

(3)inplace:inplace＝True 是原地排序,inplace＝False 是返回一个新的 FataFrame 对象。

除了 sort_index ( ) 函数以外,DataFrame 结构还提供 sort_values ( ) 函数对值进行排序。该函数的语法格式如下。

> sort_values(by, axis＝0, ascending＝True, inplace＝False, kind＝' quicksort' ,
>
> na_position＝' last' , ignore_index＝False, key: ' ValueKeyFunc' ＝None)

常用参数及其含义如下。

(1)by:指定依据哪一列或多列进行排序。如果只有一列,可直接写出该列的列名,如果有多列;则需要使用列表进行传参。

(2)ascending:ascending＝True 是升序排序,ascending＝False 是降序排序。

(3)na_position:na_position＝' last' 是把缺失值放在最后面,na_position＝' first' 是把缺失值放在最前面。

【例 9.25】　使用 sort_index ( ) 函数对图 9.3 中数据进行排序。

```
#数据排序
import pandas as pd
#读取数据
df =pd.read_excel(
    r' C:\Users\LYQ\Desktop\Python 程序设计与数据分析\顾客消费数据.xlsx' )
#设置输出结果对齐
pd.set_option(' display.unicode.ambiguous_as_wide' , True)
pd.set_option(' display.unicode.east_asian_width' , True)
print(' 按照列名升序排序: \n' , df.sort_index(axis＝1)[:10])
```

运行结果：

	会员 ID	单价	商品	数量	消费额
0	10150	17.35	蔬菜水果	1	17.35
1	10150	6.50	饮料	1	6.50
2	10236	15.68	冻肉	1	15.68
3	10236	3.99	啤酒	1	3.99
4	10360	15.68	冻肉	1	15.68
5	10360	12.00	罐装蔬菜	1	12.00
6	10360	3.99	啤酒	1	3.99
7	10360	15.50	鱼	3	46.50
8	10451	15.68	冻肉	1	15.68
9	10451	12.00	罐装蔬菜	1	12.00

【例 9.26】 使用 sort_values( ) 函数对图 9.3 中数据进行排序。

```
print(' 按消费额降序排序: \n', df.sort_values(by=[' 消费额' ], ascending=False)[:10])
```

运行结果：

	会员 ID	商品	数量	单价	消费额
248	18079	葡萄酒	4	20.00	80.00
2336	94754	鱼	4	15.50	62.00
2303	94004	罐装肉	4	15.00	60.00
2643	104630	葡萄酒	3	20.00	60.00
2347	95354	罐装肉	4	15.00	60.00
1830	76944	葡萄酒	3	20.00	60.00
2438	97761	葡萄酒	3	20.00	60.00
2777	109224	蔬菜水果	3	17.35	52.05
2291	93891	蔬菜水果	3	17.35	52.05
1076	47343	冻肉	3	15.68	47.04

```
print(' 按会员 ID 降序排序: \n', df. sort_values(by=[' 会员 ID' ], ascending=False)[:10])
```

运行结果：

	会员 ID	商品	数量	单价	消费额
2799	109884	鱼	1	15.50	15.50
2798	109884	饮料	1	6.50	6.50
2797	109884	甜食	2	9.50	19.00
2796	109884	蔬菜水果	1	17.35	17.35
2795	109884	罐装肉	1	15.00	15.00
2794	109884	冻肉	2	15.68	31.36
2793	109798	冻肉	1	15.68	15.68
2790	109672	罐装蔬菜	1	12.00	12.00
2789	109672	冻肉	1	15.68	15.68
2791	109672	啤酒	2	3.99	7.98

9.7　数据分组

DataFrame 结构使用 groupby( )函数可根据指定的一列或多列的值进行分组,得到一个 GroupBy 对象。GroupBy 对象支持对数据的列进行求和、均值等操作。groupby( )函数的语法格式如下。

groupby(by=None, axis=0, level=None, as_index: ' bool' =True,

sort: ' bool' =True, group_keys: ' bool' =True,

squeeze: ' bool' =＜object object at 0x000001FB74CD13D0＞, observed: ' bool' =False,

dropna: ' bool' =True)

常用参数及其如下。

(1)by:用来指定作用与 DataFrame 对象 index 的函数、字典、Series 对象,或者指定列名作为分组依据。

(2)as_index:as_index=True 指输入的 DataFrame 对象,分组时返回该对象的索引作为结果的索引;as_index=False 不作为返回对象的索引。

【例 9.27】　根据不同要求,将图 9.3 中数据分组。

```
#数据分组
import pandas as pd
#读取数据
df=pd.read_excel(r' 顾客消费数据.xlsx' )
#设置输出结果对齐
pd.set_option(' display.unicode.ambiguous_as_wide' , True)
pd.set_option(' display.unicode.east_asian_width' , True)
print(' 每个会员的消费总额: ', df.groupby(by=' 会员 ID' )[' 消费额' ].sum()[:10])
print(' 每个会员的消费平均值: ', df.groupby(by=' 会员 ID' )[' 消费额' ].mean()[:10])
print(' 每个会员的购买次数: \n' , df.groupby(by=' 会员 ID' )[' 会员 ID' ].count())
print(' 每个会员消费的中值: \n' , df.groupby(by=' 会员 ID' ).median())
```

运行结果：

每个会员的消费总额：会员 ID

10150	23.85
10236	19.67
10360	78.17
10451	50.67
10609	32.85
10614	6.50
10645	103.32
10717	51.80
10872	59.17
10902	37.35

Name:消费额, dtype: float64

每个会员的消费平均值：会员 ID

10150	11.925000
10236	9.835000
10360	19.542500
10451	12.667500
10609	16.425000
10614	6.500000
10645	20.664000
10717	17.266667
10872	14.792500
10902	18.675000

Name:消费额, dtype: float64

每个会员的购买次数: 会员 ID

10150	2
10236	2
10360	4
10451	4
10609	2
...	
109530	2
109551	2
109672	4
109798	1
109884	6

Name:会员 ID, Length: 939, dtype: int64

每个会员消费的中值: 会员 ID

	数量	单价	消费额
10150	1.0	11.925	11.925
10236	1.0	9.835	9.835
10360	1.0	13.750	13.840
10451	1.0	10.750	13.840
10609	1.0	16.425	16.425
...	...	...	...
109530	1.0	11.470	11.470
109551	1.0	11.995	11.995
109672	1.0	13.840	13.840
109798	1.0	15.680	15.680
109884	1.0	15.250	16.425

[939 rows x 3 columns]

9.8　数据重采样

通常一些涉及日期时间的原始数据都不是最终用于数据分析的应用数据。如温度数据在一些分析中,采集的时间间隔较短,1 分钟采集一条数据,而实际分析中 30 分钟采集一条即可,此时可以使用 resample( ) 函数进行重采样,即修改原始数据的某些内容。下面通过例 9.28 展示如何重采样。resample( ) 函数的语法格式如下。

DataFrame. resample(rule, axis=0, closed=None, label=None, convention='start', kind=None,loffset=None, base=None, on=None, level=None, origin='start_day', offset=None)

常用参数及其含义如下。

(1)rule:指定重采样的时间间隔。

(2)axis:设置采样方向,axis=0 表示沿行的方向,axis=1 表示沿列的方向。

(3)closed:设置采样区间哪一边为闭区间,取值有'left'、'right'和'None'。

(4)label:label='left' 表示使用采样周期的起始时间作为结果 DataFrame 对象的 index,label='right' 表示使用采样周期的结束时间作为结果 DataFrame 对象的 index。

(5)on:指定根据哪一列进行重采样,要求该列数据为日期时间类型。

【例 9.28】　对图 9-5 中的温度数据进行重采样。

温度数据如图 9-5 所示,数据时间间隔为 1 min。即从 2022 年 4 月 1 日开始,每隔 1 min 产生一条温度数据,共有 20 万行数据。现在某分析中只需要 30 min 采集一条数据,要求使用 resample( ) 函数进行重采样。

序号	日期	时间	温度/℃
0	2022-04-01	00:00:00	15.972866
1	2022-04-01	00:01:00	15.944296
2	2022-04-01	00:02:00	15.545178
3	2022-04-01	00:03:00	15.299985
4	2022-04-01	00:04:00	15.632889

图 9-5　温度数据(前 5 条)

```python
import pandas as pd
import numpy as np
temperatureData = {
    'time' :pd. date_range('2022-04-01', periods=200000, freq='T'),
    'temperature' :np. random. randn(200000) + 15
}
df=pd. DataFrame(temperatureData, columns=['time', 'temperature'])
#将时间作为数据的索引
timeIndex=pd. to_datetime(df. time)
df. index=timeIndex
df. head()
#重采样,将1分钟采样改成30 min 采样
print(df. resample('30T',label='left'). mean())
```

运行结果:

```
time                  temperature
2022-04-01 00:00:00   14.878817
2022-04-01 00:30:00   14.996824
2022-04-01 01:00:00   14.855432
2022-04-01 01:30:00   14.829461
2022-04-01 02:00:00   15.229928
...                   ...
2022-08-17 19:00:00   15.159739
2022-08-17 19:30:00   14.965917
2022-08-17 20:00:00   14.656931
2022-08-17 20:30:00   15.091450
2022-08-17 21:00:00   14.765495

[6667 rows × 1 columns]
```

9.9　处理时间序列数据

Python 中对时间的处理主要有两大模块,一个是 time 模块,另一个是 datetime 模块。它们有许多对时间序列的处理方法。在数据处理与分析过程中,可能会遇到原始数据中包含时间序列的数据字段。本节介绍 Pandas 中的时间序列对象及其相关操作。

9.9.1　date_range( )方法

使用 pandas.date_range()函数创建时间序列对象,其语法格式如下。

pandas. date_range(start=None, end=None, periods=None, freq=None, tz=None, normalize=False, name=None, closed=None, * * kwargs)

常用参数及其含义如下。
(1)start:设置开始日期。
(2)end:设置结束日期。
(3)periods:生成数据的数量。
(4)freq:设置时间间隔。

【例 9.29】　创建从 2022 年 2 月 28 日至 2022 年 5 月 1 日的时间序列。

```
import pandas as pd
#初始化时间序列
pd.date_range('2022-2-28', '2022-5-1')
```

运行结果:

```
DatetimeIndex(['2022-02-28', '2022-03-01', '2022-03-02', '2022-03-03',
            '2022-03-04', '2022-03-05', '2022-03-06', '2022-03-07',
            '2022-03-08', '2022-03-09', '2022-03-10', '2022-03-11',
            '2022-03-12', '2022-03-13', '2022-03-14', '2022-03-15',
            '2022-03-16', '2022-03-17', '2022-03-18', '2022-03-19',
            '2022-03-20', '2022-03-21', '2022-03-22', '2022-03-23',
            '2022-03-24', '2022-03-25', '2022-03-26', '2022-03-27',
            '2022-03-28', '2022-03-29', '2022-03-30', '2022-03-31',
            '2022-04-01', '2022-04-02', '2022-04-03', '2022-04-04',
            '2022-04-05', '2022-04-06', '2022-04-07', '2022-04-08',
            '2022-04-09', '2022-04-10', '2022-04-11', '2022-04-12',
            '2022-04-13', '2022-04-14', '2022-04-15', '2022-04-16',
            '2022-04-17', '2022-04-18', '2022-04-19', '2022-04-20',
            '2022-04-21', '2022-04-22', '2022-04-23', '2022-04-24',
            '2022-04-25', '2022-04-26', '2022-04-27', '2022-04-28',
            '2022-04-29', '2022-04-30', '2022-05-01'],
            dtype='datetime64[ns]', freq='D')
```

【例 9.30】 创建从 2022 年 2 月 28 日至 2022 年 5 月 1 日的时间序号,并计算共有几周。

```
import pandas as pd
#设置时间间隔为周
pd. date_range('2022-2-28', '2022-5-1', freq='w')
```

运行结果:
```
DatetimeIndex(['2022-03-06', '2022-03-13', '2022-03-20', '2022-03-27',
               '2022-04-03', '2022-04-10', '2022-04-17', '2022-04-24',
               '2022-05-01'],
              dtype='datetime64[ns]', freq='W-SUN')
```

9.9.2 Timestamp()方法

pandas. Timestamp 对象支持很多与日期有关的操作,大多数情况下,它的使用类似于 Python 中的 datetime。下面介绍 pandas. Timestamp()函数的使用,其语法格式如下。

pandas. Timestamp(ts_input=<object object>, freq=None, tz=None, unit=None, year=None, month=None, day=None, hour=None, minute=None, second=None, microsecond=None, nanosecond=None, tzinfo=None, *, fold=None)

常用参数及其含义如下。

(1) ts_input:设置转换成时间戳的数据,类似于 datetime,可以是字符串、整型、浮点型数据。

(2) freq:设置时间间隔,可以是字符串和 DateOffset 对象。

(3) tz:设置时区。

(4) unit:设置时间单位。

【例 9.31】 求出 2022 年 5 月 1 日是星期几?

```
import pandas as pd
print('2022 年 5 月 1 日是周几: ', pd. Timestamp('20220501'). day_name())
print('2022 年 5 月 1 日是周几: ', pd. Timestamp('20220501'). day_of_week)
print('2022 年 5 月 1 日是周几: ', pd. Timestamp('20220501'). dayofweek)
```

运行结果:

2022 年 5 月 1 日是周几: Sunday

2022 年 5 月 1 日是周几: 6

2022 年 5 月 1 日是周几: 6

【例 9.32】 求出 2022 年是否为闰年?

```
import pandas as pd
print('2022 年是否为闰年?: ', pd.Timestamp('2022').is_leap_year)
```

运行结果:

2022 年是否为闰年?: False

【例 9.33】 将 pandas 中的 Timestamp 对象转换为 Python 中的 datetime 对象。

```
import pandas as pd
pdDate = pd.Timestamp(' 20220501' )
#转换为 Python 中的 datetime 对象
pdDate.to_pydatetime()
```

运行结果:

datetime.datetime(2022,5,1,0,0)

9.10 项目案例

本节通过对服务器 CPU 占用率模拟数据的处理和分析,了解 CPU 占用率的变化情况等信息。现展示数据处理与分析的一般过程,并展示在实际应用中如何使用 pandas 扩展库。

服务器为用户的请求提供服务,若服务器 CPU 占用率过高,可能会出现一些严重的问题。如用户恶意请求导致 CPU 频繁工作,有恶意数据正在破坏网站运营等。服务器运维人员需要对服务器 CPU 占用率的数据进行实时监测,发现这些问题并采取相应的解决办法。除此以外,还应了解 CPU 占用率的变化情况,如一天中的使用高峰期,一月中的使用高峰期等。为了更好地提供服务,在高峰期等特殊时段,应采取相应措施,防止出现问题。

(1)生成 CPU 占用率模拟数据,假设模拟数据就是获得的原始数据。

①数据为 CPU 占用率,由函数随机生成。

②一共 20 万条数据。

③时间从 2022 年 4 月 1 日开始,每隔 1 分钟进行一次数据采样。

```
import pandas as pd
import numpy as np
data = {
' time' : pd. date_range(' 2022- 04- 01' , periods=200000, freq=' T' ),
' cpu' : np. random. randn(200000) + 20
}
df =pd. DataFrame(data, columns=[' time' , ' cpu' ])
print(df. head()) #查看前 10 条数据
```

运行结果:

	time	CPU
0	2022-04-01 00:00:00	19.739638
1	2022-04-01 00:01:00	21.322406
2	2022-04-01 00:02:00	20.029360
3	2022-04-01 00:03:00	19.151989
4	2022-04-01 00:04:00	19.999523

print(df.tail()) #最后 5 条数据

运行结果:

	time	CPU
199995	2022-08-17 21:15:00	19.405071
199996	2022-08-17 21:16:00	18.742977
199997	2022-08-17 21:17:00	21.964749
199998	2022-08-17 21:18:00	20.213520
199999	2022-08-17 21:19:00	19.834308

查看 CPU 占用率数据前 10 条和最后 5 条,检查占用率的范围,是在 20 上下变化的数据。

(2)为了解 4 月 1 日早上 8:00 至 9:00 之间 CPU 的运行情况,须获取该时间段的数据。

```
#获取 8:00 至 9:00 的数据,进行分析
print(df[(df.time >= '2022-04-01 08:00:00') & (df.time <= '2022-04-01 09:00:00')])
```

运行结果:

	time	CPU
480	2022-04-01 08:00:00	20.766821
481	2022-04-01 08:01:00	19.190056
482	2022-04-01 08:02:00	22.202061
483	2022-04-01 08:03:00	19.495151
484	2022-04-01 08:04:00	18.384806
..	...	...
536	2022-04-01 08:56:00	19.798521
537	2022-04-01 08:57:00	20.108183
538	2022-04-01 08:58:00	18.795815
539	2022-04-01 08:59:00	21.530181
540	2022-04-01 09:00:00	19.708569

[61 rows × 2 columns]

从获取数据的结果来看,原始数据是 1 min 对 CPU 进行一次数据采集。假如目前需要的数据不需要那么频繁,间隔 10 min 进行一次采样即可,但要对原始数据进行修改。

　　(3)修改原始数据,修改操作如下。

　　①将原始数据中的 time 作为新数据的索引。

```
#为了查看 1 小时内 CPU 占用情况
#一分钟采样一次数据太多
#改变 DataFrame 对象,五分钟采样一次值,并且设置时间为索引,
timeIndex = pd.to_datetime(df.time)
df.index = timeIndex
print(df.head())
```

运行结果:

	time	CPU
2022-04-01 00:00:00	2022-04-01 00:00:00	19.739638
2022-04-01 00:01:00	2022-04-01 00:01:00	21.322406
2022-04-01 00:02:00	2022-04-01 00:02:00	20.029360
2022-04-01 00:03:00	2022-04-01 00:03:00	19.151989
2022-04-01 00:04:00	2022-04-01 00:04:00	19.999523

　　②原始数据中的 time 多余,故索引删除 time 这一列的数据。

```
#删除 time 列的数据
df10T =df. drop(' time' , axis=1)
print(df10T. head())
```

运行结果:

	time	CPU
2022-04-01 00:00:00		19.739638
2022-04-01 00:01:00		21.322406
2022-04-01 00:02:00		20.029360
2022-04-01 00:03:00		19.151989
2022-04-01 00:04:00		19.999523

```
df.info()   #查看数据信息
<class ' pandas.core.frame.DataFrame' >
DatetimeIndex: 200000 entries, 2022-04-01 00:00:00 to 2022-08-17 21:19:00
Data columns (total 2 columns):
```

#	column	non-null count	dtype
0	time	200000 non-null	datetime64[ns]
1	CPU	200000 non-null	float64

dtypes: datetime64[ns](1), float64(1)

memory usage: 4.6 MB

```
#获取 8:00 至 9:00 的数据
print(df ['2022-04-01 08:00:00':'2022-04-01 09:00:00'])
```

运行结果：

	time	CPU
2022-04-01 08:00:00	2022-04-01 08:00:00	20.766821
2022-04-01 08:01:00	2022-04-01 08:01:00	19.190056
2022-04-01 08:02:00	2022-04-01 08:02:00	22.202061
2022-04-01 08:03:00	2022-04-01 08:03:00	19.495151
2022-04-01 08:04:00	2022-04-01 08:04:00	18.384806
...		...
2022-04-01 08:56:00	2022-04-01 08:56:00	19.798521
2022-04-01 08:57:00	2022-04-01 08:57:00	20.108183
2022-04-01 08:58:00	2022-04-01 08:58:00	18.795815
2022-04-01 08:59:00	2022-04-01 08:59:00	21.530181
2022-04-01 09:00:00	2022-04-01 09:00:00	19.708569

[61 rows × 2 columns]

③求按不同时间段对数据求均值。

```
#按日期求均值
print(df.groupby(df.index.date).mean())
```

运行结果：

	CPU
2022-04-01	20.008107
2022-04-02	20.010654
2022-04-03	19.999673
2022-04-04	19.961831
2022-04-05	19.984676
...	...

2022-08-13　20.003683
2022-08-14　20.054863
2022-08-15　20.010687
2022-08-16　19.992966
2022-08-17　19.999751
[139 rows × 1 columns]

\#按小时求均值
print(df. groupby(df. index. hour). mean())
运行结果：

time	CPU
0	19.991968
1	19.999394
2	19.989094
3	19.987727
4	20.017222
5	20.009676
6	20.005913
7	19.987457
8	20.001973
9	20.000374
10	20.003119
11	19.996765
12	19.983386
13	20.001476
14	20.017932
15	20.013512
16	20.014745
17	19.981797
18	20.005924
19	19.993659
20	20.018178
21	20.006784
22	19.995650
23	20.001982

④改变数据采样频率为 10 min 1 条数据,即将原始数据中 10 min 以内的数据取平均值作为下一条数据的值。

```
#重采样,将 1 分钟采样改变成 10 分钟采样
df10T =df. resample(' 10T' ). mean()
print(df10T.head())
```

运行结果:

time	CPU
2022- 04- 01 00:00:00	20.234424
2022- 04- 01 00:10:00	19.863614
2022- 04- 01 00:20:00	20.028324
2022- 04- 01 00:30:00	19.903192
2022- 04- 01 00:40:00	19.914122

(4)根据修改后的数据,画出折线图,展示占用率的变化情况。

```
import matplotlib.pyplot as plt
#指定默认字体:解决图例不能显示中文问题
plt. rcParams[' font. sans- serif' ] = [' STZhongsong' ]
# CPU 占用率每天的变化情况
plt. plot(df. groupby(df. index. date). mean(). index,
df. groupby(df. index. date). mean()[' cpu' ],
        ls=' - ' )
#设置坐标轴标签文本
plt. xlabel(' 日期( 日)' )
plt. ylabel(' 占用率(% )' )
#设置图形标题
plt. title(' CPU 占用率变化情况', fontsize=20)
plt. show()
```

运行结果如图 9-6 所示。

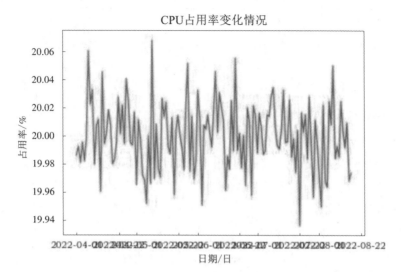

图 9-6　CPU 占用率变化

9.11　复习题

1. 读取 JSON 文件"sample 1. json"中的内容。

2. 图 9-7 是"sample 1. json"中的部分内容,操作要求:

(1)修改 message 列的列名为 response;

(2)访问 BTM_zhibiao 第 5 行、6 行、7 行、8 行的 message 和 content 列的数据;

(3)删除 apiRecordld 一整列的数据;

(4)增加一列数据,列名为端口,数据开始为 8080,后续数据在此基础上依次增加。

3. 以"Industry_GDP. xlsx"文件中的数据为例,完成以下操作:

(1)读取"Industry_GDP. xlsx"文件中的数据并创建 DataFrame 对象 df;

(2)对 df 对象进行重复值和缺失值检查;

(3)使用平均值对缺失值进行填充;

(4)求所有产业的 GDP 总和;

(5)求第一产业的平均值;

(6)对 GDP 进行升序排序。

	code	apiRecordId	ratingRequestId	message	content	status
BTM_zhibiao1	200	19092102	19092102	成功	食杂店	200
BTM_zhibiao11	200	19092102	19092102	成功	0.169262908908	200
BTM_zhibiao12	200	19092102	19092102	成功	0.0272	200
BTM_zhibiao2	200	19092102	19092102	成功	0	200
BTM_zhibiao3	200	19092102	19092102	成功	天津	200
BTM_zhibiao4	200	19092102	19092102	成功	181723.4051	200
BTM_zhibiao5	200	19092102	19092102	成功	3.8136	200
BTM_zhibiao6	200	19092102	19092102	成功	9	200
BTM_zhibiao7	200	19092102	19092102	成功	51	200
BTM_zhibiao8	200	19092102	19092102	成功	12	200

图 9-7　sample 1. json 文件内容

部分数据如图 9-8 所示。

	quarter	industry_type	GDP
0	Q1	第一产业	8654.0
1	Q2	第一产业	13333.0
2	Q3	第一产业	NaN
3	Q4	第一产业	24238.5
4	Q1	第二产业	70084.4
5	Q2	第二产业	83128.5
6	Q3	第二产业	NaN

图 9-8　industry_GDP. xlsx 文件内容

4. 使用多种方式判断 2022 年 4 月 1 日是星期几？

5. 判断 2020 年是否为闰年？

6. 创建从 2021 年 10 月 1 日至 2022 年 1 月 7 日的时间序列,并判断该时间段共有几周？

第 10 章

Matplotlib 数据可视化

数据可视化是一个将数据以图的方式展示,利用人视觉化的思考能力,对数据进行可视表达,以增强认知的过程。在某些特定场景中,使用 Python 做数据处理和分析,将数据以图表的形式输出,有利于辅助分析或者数据报告展示。本章介绍数据可视化常用的库及其区别,以及在数据处理和分析过程中如何使用 Matplotlib 库绘制常见的图形。

10.1 数据可视化常用库 matplotlib

使用 Python 进行数据可视化中,根据数据可视化的需要,通常会使用三个可视化库:Matplotlib、Seaborn 和 Plotly。本节将简单介绍这三个库及其区别。

Matplotlib 是 Python 的 2D 绘图库,它以各种硬拷贝格式和跨平台的交互式环境生成出版质量级别的图形。通过 Matplotlib,开发者仅需要几行代码,便可以生成绘图。一般可绘制折线图、散点图、柱状图、饼图、直方图、子图等。Matplot 使用 NumPy 进行数组运算,并调用一系列其他的 Python 库来实现硬件交互。PyLab 是 Matplotlib 面向对象绘图库的一个接口,它的语法和 MATLAB 十分相似。

使用 Pylab 或 Pyplot 绘图的一般过程为:首先获得数据;然后根据实际需要绘制二维折线图、散点图、柱状图、饼状图、雷达图或三维曲线、曲面、柱状图等;接着设置坐标轴标签、坐标轴刻度、图例、标题等图形属性;最后显示或保存绘图结果。

Seaborn 是在 Matplotlib 的基础上发展形成的,它使绘图更加容易。使用 Matplotlib 绘制的图形比较单一,而 seaborn 可以绘制更加精致的图形。

Plotly 是一个基于 JavaScript 的绘图库,它绘制图形的种类丰富,效果美观,且易于保存和分享;其绘图结果可以和 Web 无缝集成,因为使用 Plotly 绘制的图形默认是一个 HTML 网页文件,可通过浏览器查看。

10.2 绘制折线图

折线图适合用于描述和比较多组数据随同一变量变化的趋势,或者一组数据对另外一组数据的依赖程度。

扩展库 matplotlib. pyplot 中的函数 plot( )可以用来绘制折线图。它首先通过参数指定折线图上端点的位置、端点的形状、大小和颜色以及线条的颜色、线型等样式，然后使用指定的样式把给定的点依次进行连接，最终得到折线图。如果给定的点足够密集，可以形成平滑的曲线。plot( )函数的语法格式如下，参数含义如表 10-1 所示。

matplotlib. pyplot. plot(* args, scalex＝True, scaley＝True, data＝None, **kwargs)

表 10-1　plot( )函数常用参数

参数名称	含义
args	args 是可变参数，可接收 3 个参数： x,y：数据点的横坐标/纵坐标，一般是一维数组； fmt：格式字符串，用来指定折线图的颜色、线型和数据点的形状，fmt 的语法格式和参数值如表 10-3 所示
scalex，scaley	布尔型参数，表示视图限制是否适应数据限制
data	带标签的数据对象，如果给定该参数，需要指定 x,y 代表的标签名称
kwargs	用于设置折线标签、线宽以及数据点的形状、大小、边线颜色、边线宽度和背景颜色等属性，属性及其含义如表 10-2 所示

表 10-2　kwargs 的属性及其含义

参数名称	含义
alpha	线条透明度，取值为 0~1
color 或 c	线条颜色
label	线条标签，会在图例中显示
linestyle 或 ls	线型
linewidth 或 lw	线条宽度，单位是像素
marker	数据符号的形状
markeredgecolor 或 mec	数据符合的边线颜色
markeredgewidth 或 mew	数据符号的边线宽度
markerfacecolor 或 mfc	数据符号的背景颜色
markersize 或 ms	数据符号的大小
visible	线条和数据符号是否可见

表 10-3　fmt 参数的语法格式及其值的含义

语法格式	参数值的名称	参数值	含义
fmt=' [marker][line][color]'	marker(数据点形状)	'.'	大实心圆点
		';'	小实心圆点
		'o'	大实心圆点
		'v'	倒三角
		'∧'	正三角
		'<'	左三角
		'>'	右三角
		'8'	八角形
		's'	正方形
		'p'	五角形
		'P'	十字加(加粗)
		'*'	五角星
		'+'	十字加(不加粗)
		'D'	菱形
	line(线型)	'-'	实线
		'--'	虚线(- - - - - - - -)
		'-.'	点划线(- . - . - . - .)
		':'	虚线(. . . . .)
	color(颜色)	'b'	蓝色
		'g'	绿色
		'r'	红色
		'c'	青色
		'w'	白色
		'k'	黑色
		注:可使用颜色全称或十六进制字符串(#080808)	

【**例 10.1**】 某副食店新品上架进行促销活动,某商品进价 5 元,售价 15 元,顾客每购买一件就优惠 1%,限购 20 件。计算顾客总消费额与购买数量之间的关系并使用折线图进行可视化。

```python
import matplotlib.pyplot as plt
import matplotlib.font_manager as fm
# 售价
salePrice=15
# 计算购买 num 件商品时的单价
def numPrice(num):
    return salePrice *  (1-0.01* num)
# 顾客购买数量
numbers=list(range(1,21))
# 顾客消费总额
totalConsumption=[]
# 根据购买数量计算顾客消费总额
for num in numbers:
    perPrice=numPrice(num)
    # round()四舍五入,保留两位小数
    totalConsumption.append(round(num* perPrice, 2))
# 指定默认字体: 解决图例不能显示中文问题
plt.rcParams[' font.sans- serif' ]=[' STZhongsong' ]
# 绘制折线图
plt.plot(numbers, totalConsumption, ls=' - .' ,label=' 顾客总消费' )
# 设置坐标轴标签文本
plt.xlabel(' 顾客购买数量(件)' )
plt.ylabel(' 消费金额(元)' )
# 设置图形标题
plt.title(' 消费总额随购买数量变化' , fontsize=20)
# 设置图例
plt.legend()
# 显示图形
plt.show()
```

运行结果如图 10-1 所示。

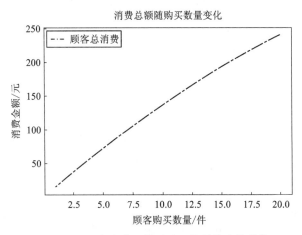

图 10-1　顾客消费总额随购买数量的变化趋势

【例 10.2】　已知某奶茶店 2021 年每月的营业额如表 10-4 所示。绘制折线图将该奶茶店全年营业额可视化。

表 10-4　奶茶店 2021 年每个月的营业额

月份	1	2	3	4	5	6	7	8	9	10	11	12
营业额/万元	15.2	21.7	5.8	5.7	7.3	9.2	13.7	15.6	10.5	12.0	7.8	6.9

```
import matplotlib.pyplot as plt
#月份和每月营业额
month = list(range(1,13))
money = [15.2, 21.7, 5.8, 5.7, 7.3, 9.2, 13.7, 15.6, 10.5, 12.0, 7.8, 6.9]
#绘制折线图
plt.plot(month, money, ' - - v' )
#设置坐标轴标签文本
plt.xlabel(' 月份' )
plt.ylabel(' 营业额(万元)' )
#设置图形标题
plt.title(' 奶茶店 2021 年营业额变化趋势图' )
#显示图形
plt.show()
```

运行结果如图 10-2 所示。

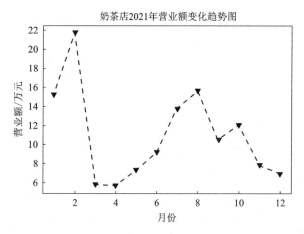

图 10-2　某奶茶店 2021 年营业额

10.3　绘制散点图

散点图适合用于描述数据在平面中的分布,可以用于分析数据之间的关联,或者观察聚类算法的选择和参数设置对聚类效果的影响,还可以用于异常值,离群点的观察和分析。

扩展库 matplotlib.pyplot 中的 scatter( )函数可以根据给定的数据绘制散点图。语法格式如下,常用参数如表 10-5 所示。

表 10-5　scatter( )函数的常用参数及其含义

参数名称	含义
x, y	散点的横坐标和纵坐标
s	散点符号的大小
c	散点符号的颜色
marker	散点符号的形状
alpha	散点符号的透明度
linewidths	散点符号的边线宽度
edgecolors	散点符号的边线颜色

matplotlib.pyplot.scatter(x, y, s = None, c = None, marker = None, cmap = None, norm = None, vmin = None, vmax = None, alpha = None, linewidths = None, * , edgecolors = None, plotnonfinite = False, data = None, * * kwargs)

【例 10.3】　已知某地 3 月份每天白天的最高气温,如表 10-6 所示。根据已知数据,如何寻找气温随时间变化的某种规律?请画出最高气温散点图。

表 10-6　某地 3 月份每天白天的最高气温/℃

日期	3.1	3.2	3.3	3.4	3.5	3.6	3.7	3.8	3.9
温度	11	17	16	11	12	11	12	6	6
日期	3.10	3.11	3.12	3.13	3.14	3.15	3.16	3.17	3.18
温度	7	8	9	12	15	14	17	18	21
日期	3.19	3.20	3.21	3.22	3.23	3.24	3.25	3.26	3.27
温度	16	17	20	14	15	15	15	19	21
日期	3.28	3.29	3.30	3.31					
温度	22	22	22	23					

```
from matplotlib import pyplot as plt
# 3 月每天的最高气温
temp_y3=[11,17,16,11,12,11,12,6,6,7,8,9,12,15,14,
         17,18,21,16,17,20,14,15,15,15,19,21,22,22,22,23]

# 3 月日期
temp_x3=list(range(1,32))
#绘制散点图,设置颜色、符号
plt.scatter(temp_x3, temp_y3, c='b', marker='v')
#设置坐标轴标签文本
plt.xlabel('日期')
plt.ylabel('温度(℃)')
#设置图形标题
plt.title('某地 3 月份白天最高气温')
#显示图形
plt.show()
```

运行结果如图 10-3 所示。

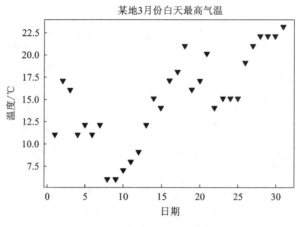

图 10-3　某地 3 月份最高气温

10.4　绘制柱状图

柱状图适合用于比较多组数据之间的大小,或者类似的场合,但对大规模数据的可视化不是很合适。柱状图根据柱的方向可以分为垂直方向上的柱状图和水平方向上的柱状图。本节通过例展示绘制方法及其绘制函数的使用。

扩展库 matplotlib. pyplot 中的函数 bar( )可以用来绘制垂直方向上的柱状图,其语法格式如下,常见参数如表 10-7 所示。

matplotlib.pyplot.bar(x, height, width = 0.8, bottom = None, * , align = ' center', data = None, * * kwargs)

表 10-7　bar( )函数的常用参数及其含义

参数名称	含义
x	柱的 x 坐标
height	柱的高度
width	柱的宽度,默认为 0.8
bottom	柱底部边框的 y 坐标
align	柱的对齐方式
color	柱的颜色
edegcolor	柱的边框的颜色

续表10-7

参数名称		含义
linewidth		柱的边框的线宽
tick_label		柱的刻度标签
kwargs	alpha	透明度
	fill	是否填充
	hatch	内部填充符号,包括:{'/','\\','|','-','+','x','o','O','.','*'}
	label	图例中显示的文本标签
	linestyle 或 ls	柱的边框的线型
	linewidth 或 lw	柱的边框的线宽
	visible	是否可见

【例 10.4】　根据例 10.2 中奶茶店的数据绘制柱状图,要求设置描边效果和标注文本。

```
import matplotlib.pyplot as plt
# 月份和每月营业额
month=list(range(1,13))
money=[15.2, 21.7, 5.8, 5.7, 7.3, 9.2, 13.7, 15.6, 10.5, 12.0, 7.8, 6.9]
# 绘制柱状体
for x,y in zip(month,money):
    plt.bar(x, y, linestyle='- -')
# 设置坐标轴标签文本
plt.xlabel('月份')
plt.ylabel('营业额(万元)')
# 设置图形标题
plt.title('奶茶店 2021 年每月营业额')
# 设置 x 轴刻度
plt.xticks(month)
# 显示图形
plt.show()
```

运行结果如图 10-4 所示。

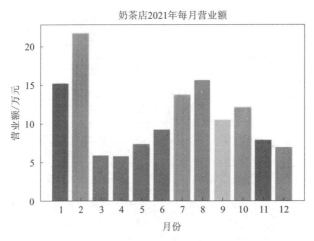

图 10-4　奶茶店 2021 年每月营业额

【例 10.5】　根据例 10.2 中奶茶店营业额数据绘制水平方向上的柱状图。

```
import matplotlib.pyplot as plt
# 月份和每月营业额
month = list(range(1,13))
money = [15.2, 21.7, 5.8, 5.7, 7.3, 9.2, 13.7, 15.6, 10.5, 12.0, 7.8, 6.9]
# 绘制柱状体
for x,y in zip(month,money):
    plt.barh(x, y, linestyle = ' - - ')
# 设置坐标轴标签文本
plt.ylabel(' 月份' )
plt.xlabel(' 营业额(万元)' )
# 指定默认字体: 解决图例不能显示中文问题
plt.rcParams[' font.sans- serif' ] = [' STZhongsong' ]
# 设置图形标题
plt.title(' 奶茶店 2021 年每月营业额' )
# 设置 y 轴刻度
plt.yticks(month)
# 显示图形
plt.show()
```

运行结果如图 10-5 所示。

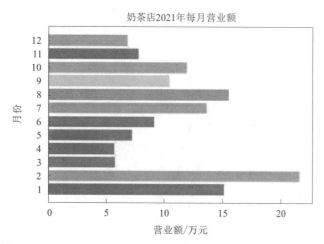

图 10-5　奶茶店营业额数据柱状图

【例 10.6】　根据表 10-8 中所示饮用水购买数据绘制并列的柱状图。

表 10-8　饮用水购买数量

男生				
饮用类型	碳酸饮料	绿茶	矿泉水	果汁	其他
购买数量/瓶	6	7	6	1	2
女生				
饮用类型	碳酸饮料	绿茶	矿泉水	果汁	其他
购买数量/瓶	9	4	4	5	6

```
#并列柱状图
import matplotlib.pyplot as plt
import numpy as np
#这两行代码解决 plt 中文显示的问题
plt. rcParams[' font. sans- serif' ]=[' SimHei' ]
#输入购买数据
waters=(' 碳酸饮料' , ' 绿茶' , ' 矿泉水' , ' 果汁' , ' 其他')
buy_number_male=[6, 7, 6, 1, 2]
buy_number_female=[9, 4, 4, 5, 6]
bar_width=0. 3        #柱的宽度
```

```
index_male = np.arange(len(waters))   #男生柱的横坐标
index_female = index_male + bar_width   #女生柱的横坐标
#使用两次 bar 函数画出两组柱状图
plt.bar(index_male, height = buy_number_male,
        width = bar_width, color = ' b', label = ' 男性')
plt.bar(index_female, height = buy_number_female,
        width = bar_width, color = ' g', label = ' 女性')
plt.legend()
#显示图例
# index_male + bar_width/2 为横坐标轴刻度的位置
plt.xticks(index_male + bar_width/2, waters)
plt.ylabel(' 购买数量(瓶)')
# 纵坐标轴标题
plt.title(' 购买饮用水数量')
# 图形标题
plt.show()
```

运行结果如图 10-6 所示。

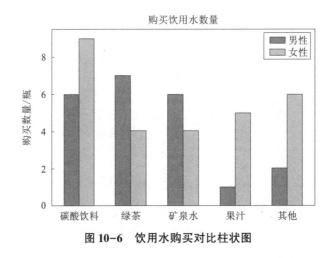

图 10-6　饮用水购买对比柱状图

10.5　绘制饼图

饼状图适合展示一个总体中各类别数据所占的比例,例如商场年度营业额中各类商品、不同员工的占比,家庭年度开销中不同类别的占比等。

扩展库 matplotlib. pyplot 中的 pie( )函数可以用于绘制饼状图。其语法格式如下,常用参数如表 10-9 所示。

matplotlib. pyplot. pie(x, explode＝None, labels＝None, colors＝None,
autopct＝None, pctdistance＝0. 6, shadow＝False, labeldistance＝1. 1, startangle＝0,
radius＝1,counterclock＝True, wedgeprops＝None, textprops＝None, center＝(0, 0),
frame＝False,rotatelabels＝False, ＊ , normalize＝True, data＝None)

表 10-9　pie( )函数的常用参数及其含义

参数名称	含义
x	一维数组,计算每个数据的占比并确定对应的扇形面积
explode	取值为 None 或 len(x),用于指定每个扇形沿半径方向相对于圆心的偏移量
colors	取值为 None 或颜色序列,用于指定每个扇形的颜色
labels	长度为 len(x)的字符串序列,用于指定每个扇形的文本标签
autopct	设置扇形内部百分比的显示格式
pctdistance	设置每个扇形的中心于 autopct 指定的文本之间的距离,默认为 0. 6
labeldistance	饼标签的径向距离
shadow	取值为 True 或 False,是否显示阴影
startangle	设置饼图第一个扇形的起始角度,相对于 x 轴逆时针方向计算
radius	饼图半径,默认为 1
counterclock	取值为 True 或 False,设置饼图中每个扇形的绘制方向
center	饼图的圆心位置
frame	取值为 True 或 False,是否显示边框

【例 10. 7】　已知某班级的 Python 语言基础课程考试成绩如表 10-10 所示,请绘制改班级 Python 语言基础课程成绩[优秀(80~100 分)、中等(60~79 分)和不及格(0~59)]的占比饼状图。

表 10-10　Python 语言基础成绩

课程名称	Python 语言基础					
成绩/分	89	70	49	87	92	84
	73	71	78	81	90	37
	77	82	81	79	80	82
	75	90	54	80	70	68
	60	61				

```
import matplotlib.pyplot as plt
from itertools import groupby
#课程成绩
scores={' Python 语言基础':[89,70,49,87,92,84,73,71,78,81,90,37,77,82,81,79,80,82,75,90,
54,80,70,68,60,61]}
#等级评定函数
def splitScore(score):
    if score>=80:
        return '优秀'
    elif score>=60:
        return '及格'
    else:
        return '不及格'
#统计优秀、中等和不及格的占比
ratios=dict()
forsubject,subjectScore in scores. items():
    ratios[subject]={}
    forcategory,num in groupby(sorted(subjectScore), splitScore):
        ratios[subject][category]=len(tuple(num))
#绘制饼图
forindex,subjectData in enumerate(ratios. items()):
    subjectName, subjectRatio=subjectData
    plt. pie(tuple(subjectRatio. values()),
            labels=list(subjectRatio. keys()),
            autopct='%1. 1f%%')
plt. xlabel(subjectName)
#显示图形
plt. show()
```

运行结果如图 10-7 所示。

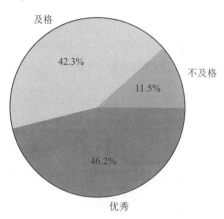

Python语言基础

图 10-7　Python 语言基础成绩饼图

【例 10.8】已知某班级的 Python 语言基础、数据仓库与挖掘、网页设计与制作和英语课程考试成绩,要求绘制饼状图显示每门课的成绩优秀(80~100)、中等(60~79)和不及格(0~60)的占比。

```
import matplotlib.pyplot as plt
from itertools import groupby
#每门课程的成绩
scores={' python 语言基础' :[89,70,49,87,92,84,73,71,78,81,90,37,77,82,81,
                79,80,82,75,90,54,80,70,68,60,61],
        ' 数据仓库与挖掘' :[70,74,80,60,65,87,68,95,72,74,69,82,81,79,72,
                62,45,36,63,70,85,94,56,68,75,85],
        ' 网页设计与制作' :[75,75,80,60,65,85,65,95,75,75,65,85,85,75,75,
                60,45,35,65,70,85,95,55,65,75,85],
        ' 英语' :[78,88,83,60,65,72,65,93,65,75,85,95,88,57,77,
                64,45,39,68,83,77,96,55,62,80,85]}
#等级评定函数
def splitScore(score):
    if score>=80:
        return ' 优秀'
    elif score>=60:
        return ' 及格'
    else:
        return ' 不及格'
#统计每门课程中优秀、中等和不及格的占比
ratios=dict()
```

```
forsubject,subjectScore in scores.items():
    ratios[subject]={}
    forcategory,num in groupby(sorted(subjectScore), splitScore):
        ratios[subject][category]=len(tuple(num))
#创建 4 个子图
fig, axs=plt.subplots(2,2)
axs.shape=4
forindex,subjectData in enumerate(ratios.items()):
    #选择子图
    plt.sca(axs[index])
    subjectName, subjectRatio = subjectData
    plt.pie(tuple(subjectRatio.values()),
            labels=list(subjectRatio.keys()),
            autopct='%1.1f%%')
plt.xlabel(subjectName)
    #设置图例
plt.legend(loc=6,bbox_to_anchor=(0.91, 0.5, 0.3, 1))
#显示图形
plt.show()
```

运行结果如图 10-8 所示。

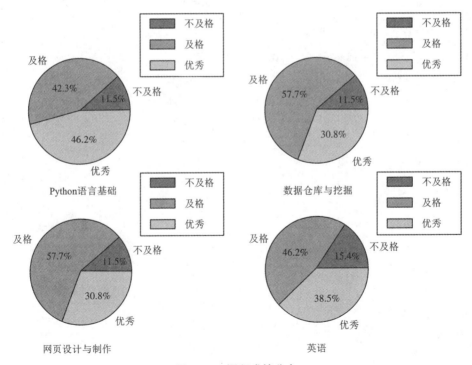

图 10-8 课程成绩分布

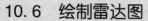

10.6　绘制雷达图

雷达图是一种能够展示多变量数据的图形,轴的相对位置和角度通常不包含信息。雷达图也称为网络图,蜘蛛图,星图,蜘蛛网图或极坐标图。雷达图类似于平行坐标图,区别在于雷达图的轴径向排列。其常应用于企业经营状况分析,可以直观地表达企业经营状况,便于企业管理人员及时发现薄弱环节并采取措施,也可以用于发现异常值等。

扩展库 matplotlib. pyplot 中的 polar( )函数可以用来绘制雷达图,语法格式如下。

matplotlib. pyplot. polar(* args, * * kwargs)

其中参数 args 和 kwargs 含义参照 plot()函数.

【例 10. 9】　根据某学生的部分专业核心课程成绩和成绩清单绘制雷达图。

```
import numpy as np
import matplotlib.pyplot as plt
#某学生的课程及成绩
courses=['C 语言', 'C++', '汇编语言 A','离散结构',
            '数据结构', '计算机电路 B', '数据库原理与技术',
            '计算机网络原理与技术', '编译原理与技术 A']
scores=[82, 82, 67, 94, 83, 92, 90, 85, 92]
dataLength=len(scores)
angles=np.linspace(0, 2* np.pi, dataLength, endpoint=False)
scores.append(scores[0])
angles=np.append(angles, angles[0])
#绘制雷达图
plt.polar(angles, scores, 'kv- - ')
#设置角度网络标签
plt.thetagrids(angles[:9]* 180/np.pi, courses)
#填充雷达图内部
plt.fill(angles, scores, facecolor=' b', alpha=0.6)
#显示图形
plt.show()
```

运行结果如图 10-9 所示。

由运行结果可清楚地观察到该学生各科成绩,并了解到该学生擅长什么等优劣势信息。

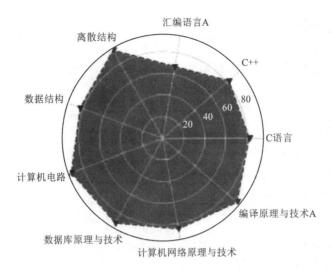

图 10-9 成绩分布

10.7 绘制三维图形

在绘制三维图像之前,需要创建一个 Axes 3D 对象。其创建方式有以下几种。

方法一:

```
from mpl_toolkits.mplot3D import Axes3D
import matplotlib.pyplot as plt
fig = plt.figure()
ax = fig.gca(projection = ' 3D' )
```

运行结果如图 10-10 所示。

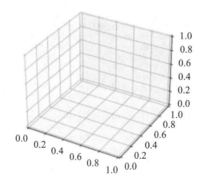

图 10-10 Axes 3D 对象

方法二：

```
from mpl_toolkits.mplot3d import Axes3D
import matplotlib.pyplot as plt
fig=plt. figure()
ax=fig. add_subplot(111,projection='3d')
```

方法三：

```
from mpl_toolkits.mplot3d import Axes3D
import matplotlib.pyplot as plt
ax=plt.subplot(111,projection='3d')
```

通过上述三种方法之一即可创建 Axes 3D 对象,使用 Axes3D 对象提供的方法可以绘制各种三维图形。

10.7.1　三维曲线图

绘制三维曲线图使用 Axes 3D. plot( )函数,该函数语法格式如下。

Axes3D.plot(xs, ys, * args,zdir='z', * * kwargs)

常用参数及其含义如下。

(1)xs:顶点的 x 坐标。

(2)ys:顶点的 y 坐标。

(3)zs:顶点的 z 坐标。

(4)kwargs:该参数可参照 10. 2 节 matplotlib. pyplot. plot( )方法。

【例 10.10】　先生成三维曲线的三组数据,再使用 Axes 3D. plot( )方法绘制三维曲线,要求设置图形图例。

```
#参数曲线
import numpy as np
import matplotlib.pyplot as plt
#设置图例字体大小
plt.rcParams[' legend.fontsize' ] = 10
#解决图例不能显示中文的问题
plt.rcParams[' font.sans- serif' ] = [' STZhongsong' ]
#创建 Axes 3D 对象
fig=plt.figure()
ax=fig.gca(projection='3d')
#三组坐标数据
data=np.linspace(- 4* np.pi, 4* np.pi, 100)
z=np.linspace(- 2, 2, 100)
r=z**2 + 1
```

```
x=r*np.sin(data)
y=r*np.cos(data)
#绘制三维曲线
ax.plot(x, y, z, label='三维曲线')
#创建并显示图例
ax.legend()
plt.show()
```

运行结果如图 10-11 所示。

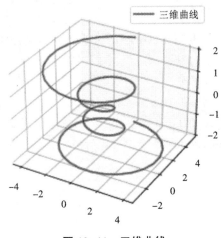

图 10-11　三维曲线

10.7.2　三维散点图

绘制三维散点图使用 Axes 3D. scatter( )函数,该函数语法格式如下。

Axes3D.scatter(xs, ys, zs=0,zdir='z', s=20, c=None, depthshade=True, * args, * * kwargs)

常用参数及其含义如下。

(1)xs:顶点的 x 坐标。

(2)ys:顶点的 y 坐标。

(3)zs:顶点的 z 坐标。

(4)s:指定散点的标记符号。

(5)c:设置顶点颜色。

(6)depthshade:设置顶点阴影。

(7)kwargs:参照表 10-3 中的常用属性及其介绍。

【例 10.11】　随机生成两类数据,第一类数据在 30~70,使用红色标记;第二类数据在 10~29,使用绿色标记。

```
import matplotlib.pyplot as plt
import numpy as np
#创建 Axes 3D 对象
fig=plt.figure()
ax=fig.add_subplot(111, projection='3d')
#生成随机数据
data1=np.random.randint(30, 70, size=(30, 3))
data2=np.random.randint(10, 30, size=(40, 3))
#第一类数据
x1=data1[:, 0]
y1=data1[:, 1]
z1=data1[:, 2]
#第二类数据
x2=data2[:, 0]
y2=data2[:, 1]
z2=data2[:, 2]
#绘制三维散点图
ax.scatter(x1, y1, z1, c='r', marker="^", label='red points')
ax.scatter(x2, y2, z2, c='g', label='green points')
#设置坐标标签
ax.set_xlabel('X')
ax.set_ylabel('Y')
ax.set_zlabel('Z')
#绘制图例
ax.legend(loc='best')
plt.show()
```

运行结果如图 10-12 所示。

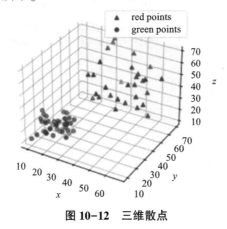

图 10-12　三维散点

10.7.3 三维曲面图

绘制三维散点图使用 Axes 3D. plot_surface( )函数,该函数语法格式如下。

Axes3D.plot_surface(X, Y, Z, * args, norm＝None, vmin＝None, vmax＝None, lightsource＝None, * * kwargs)

常用参数及其含义如下。

(1)X:顶点 X 坐标。

(2)Y:顶点 Y 坐标。

(3)Z:顶点 Z 坐标。

(4)rstride:设置 x 方向上的宽度。

(5)cstride:设置 y 方向上的宽度,rstride 和 cstride 共同决定曲面上每一个面片的大小。

(6)kwargs:参照表 10-3 中常用属性及其介绍。

【例 10.12】 以三维空间中的二元函数山峰函数为例,绘制三维曲面图。该函数的表达式如下所示:

$$z=3(1-x)^2 e^{-x^2-(y+1)^2}-10(\frac{x}{5}-x^2-y^5)e^{-x^2-y^2}-\frac{1}{3}e^{-(x+1)^2-y^2}$$

```
import numpy as np
from matplotlib import pyplot as plt
#创建 Axes 3D 对象
fig＝plt.figure()
ax＝plt.axes(projection＝"3D")
#顶点 x,y 坐标
x＝y＝np.arange(start＝- 4, stop＝4, step＝0.1)
X, Y＝np.meshgrid(x, y)
#山峰函数表达式
Z＝(3* (1- X)* * 2* np.exp(- X* * 2- (Y+1)* * 2)- 10* (X/5- X* * 3- Y* * 5)*
    np.exp(- X* * 2- Y* * 2)- 1/3* np.exp(- (X+1)* * 2- Y* * 2))
# cmap 设置图像的着色方式为彩虹色
ax.plot_surface(X,Y,Z,alpha＝0.9, cstride＝1, rstride＝1, cmap＝' rainbow' )
plt.show()
```

运行结果如图 10-13 所示。

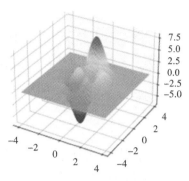

图 10-13 三维曲面

10.7.4 三维线框图

使用 Axes 3D. plot_wireframe( )函数绘制三维线框图,该函数语法格式如下。其函数常用参数及含义类似于 10.7.3 节三维曲面图绘制函数。

Axes3D. plot_wireframe(X, Y, Z, * args, * * kwargs)

【例 10.13】 通过 Axes 3D 对象获取测试数据并绘制三维线框图。

```
from mpl_toolkits.mplot3D import Axes3D
import matplotlib.pyplot as plt
#创建 Axes 3D 对象
fig=plt.figure()
ax=fig.add_subplot(111, projection='3D')
#获取测试数据
X, Y, Z=axes3D.get_test_data(0.05)
#绘制三维线框图
ax.plot_wireframe(X, Y, Z, rstride=10, cstride=10)
plt.show()
```

运行结果如图 10-14 所示。

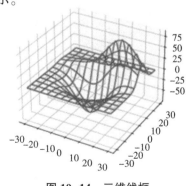

图 10-14 三维线框

10.7.5　三维柱状图

使用 Axes 3D.bar( )函数绘制三维柱状图,该函数语法格式如下。

Axes 3D.bar(left, height, zs=0, zdir=' z' , * args, * * kwargs)

常用参数及其含义如下。

(1)left:柱状图宽度。

(2)height:柱状图高度。

(3)kwargs:参照表 10-3 中的常用属性及其介绍。

【例 10.14】　生成随机数据,并绘制三维柱状图。

```
import matplotlib.pyplot as plt
import numpy as np
#创建#创建 Axes3D 对象
fig=plt.figure()
ax=fig.add_subplot(111, projection=' 3d' )
#设置颜色序列
colors=[' r' , ' g' ,' b' , ' y' ]
yticks=[2]
#随机生成数据
xs=np.arange(20)
ys=np.random.rand(20)
cs=colors
#绘制三维柱状图
ax.bar(xs, ys, zs=k, zdir=' y' , color=cs, alpha=0. 8)
#设置坐标轴标签
ax.set_xlabel(' X' )
ax.set_ylabel(' Y' )
ax.set_zlabel(' Z' )
#设置 y 坐标的离散点
ax.set_yticks(yticks)
#显示图形
plt.show()
```

运行结果如图 10-15 所示。

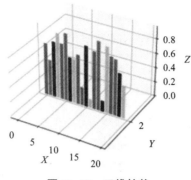

图 10-15　三维柱状

10.8　保存绘图结果

在 Jupyter 编辑器中将数据可视化以后,其图形的保存有两种方法。一是在调用 matplotlib. pyplot. show( )函数显示图片之后,在页面中另存为或者复制粘贴图形;二是在程序中直接调用 matplotlib. pyplot. savefig( )函数把当前绘制的图片保存为图片文件。savefig( )函数的语法格式如下,部分参数如表 10-11 所示。

savefig(fname, * , dpi=' figure' , format=None, metadata=None, bbox_inches=None, pad_inches=0. 1, facecolor=' auto' , edgecolor=' auto' , backend=None, * * kwargs)

表 10-11　savefig( )函数的部分参数

参数名称	含义
fname	保存的文件名
dpi	图形分辨率
format	保存文件的类型和扩展名
facecolor	图形背景色
edgecolor	边框颜色

10.9　项目案例——制作数据看板

数据看板是数据的一种有效展示方式,它将数据的各方面信息可视化为各种图表或者综合数据,并展示在同一个屏幕中。在实际应用中,通过数据看板可以迅速发现问题并提供解决问题的思路。本节介绍制作数据看板的流程和应用案例。

10.9.1　制作流程

制作数据看板的一般流程如下。

(1)确定数据看板的使用者。针对不同的使用者,看板中展示的信息和看板设计可能会有所调整。

(2)根据使用者的要求确定数据看板的类型。根据数据看板的用途和作用大致可以分为 3 类:战略型、操作型、分析型。

①战略型:适合用于长期战略中想要通过数据得出基于趋势的某些关键信息。

②操作型:适合用于监控、测量和管理时间范围更短或更直接的流程或操作。

③分析型:适合用于包含大量综合数据分析和挖掘的场景。

(3)根据获得的数据合理安排看板中展示的数据。看板中的数据需要符合一个主题、一个或一类使用者;不要试图将所有的信息全部安排到看板中,应该放置重点数据或者使用者关注的数据。

(4)开始制作数据看板。制作过程中要求正确使用图表类型。图表展示的数据关系可分为 4 类:比较、分布、构成和联系。

①比较:比较类型图表用于比较值的大小。该类型图表可以轻易找到最大值和最小值,也可以对比当前值和过去值的大小。常用柱状图、条形图和折线图等。

②分布:分布类型图表可用于查看量值如何分布。用户通过图表数据的形态,识别数值范围的特征值、集中趋势、形状和异常值等。常用直方图、正态分布图和散点图等。

③构成:构成类型图表用于展示部分相较于整体的情况,以及一个整体分成几个部分后各自的占比。该类型图表主要展示相对值,但一些类型也可以展示绝对差异,区别在于显示的是占总量的百分比还是具体数值。常用饼图、堆积柱形图、堆积面积图和瀑布图等。

④联系:联系类型图表用于展示数据之间的关系,并且可以查找数据间的相关性、异常值和数据集群。常用散点图和气泡图等。

数据看板整体要求展示数据关联性。看板中的数据需要呈现一定的关联关系,用于判断数据是否异常或者好坏以达到使用者的目的。

10.9.2　销售数据看板

1. 导入销售数据

```
import pandas as pd
#读取数据
def getDataFromExcel(fileName):
    df=pd.read_excel(fileName,engine=' openpyxl' )
    df[' 小时' ]=pd.to_datetime(df[' 时间' ],
                                format=' % H:% M:% S' ,
                                errors=' coerce' ).dt.hour

    return df
fileName=r' 数据看板数据.xlsx'
df=getDataFromExcel(fileName)
```

2. 导入 streamlit 库，并设置页面信息

```
import streamlit as st
#设置网页信息
st. set_page_config(page_title='销售数据大屏', page_icon=':bar_chart:', layout='wide')
#设置侧边栏
st.sidebar.header('请在这里筛选:')
city=st.sidebar.multiselect('选择城市: ',
                            options=df['城市'].unique(),
                            default=df['城市'].unique())
customerType=st.sidebar.multiselect('选择顾客类型: ',
                            options=df['顾客类型'].unique(),
                            default=df['顾客类型'].unique())
dfSelection=df.query('城市==@city & 顾客类型==@customerType')
```

3. 设置主页面框架结构等

```
#主页面
st.title(':bar_chart:销售数据大屏')
st.markdown('##')
#核心指标,销售总额
totalSales=int(dfSelection['总价'].sum())
averageRating=round(dfSelection['评分'].mean(), 1)
starRating=':star:' * int(round(averageRating, 0))
averageSale=round(dfSelection['总价'].mean(), 2)
# 3 列布局
leftColumn, middleColumn, rightColumn=st.columns(3)
#添加相关信息
with leftColumn:
    st.subheader('销售总额')
st.subheader(f' RMB{totalSales:}')
with middleColumn:
    st.subheader('平均评分')
st.subheader(f' {averageRating} {starRating}')
with rightColumn:
    st.subheader('平均销售额')
st.subheader(f' RMB{averageSale:}')
#分隔符
st.markdown("""- - -""")
```

4. 计算页面信息值

```
import plotly.express as px
saleByProductLine=(dfSelection.groupby(
    by=[' 商品类型' ]).sum()[[' 总价' ]].sort_values(by=' 总价' ))
figProductSales=px.bar(
    saleByProductLine,
    x=' 总价',
    y=saleByProductLine.index,
    orientation=' h' ,
    title=' <b>每种商品销售总额<b>' ,
    color_discrete_sequence=[' #0083B8' ]* len(saleByProductLine),
    template=' plotly_white'
)
figProductSales.update_layout(
    plot_bgcolor=' rgba(0,0,0,0)' ,
    xaxis=(dict(showgrid=False))
)
```

5. 绘制柱状图

```
#每小时销售情况(柱状图)
salesByHour=dfSelection.groupby(by=[' 小时' ]).sum()[[' 总价' ]]
print(salesByHour.index)
figHourlySales=px.bar(
    salesByHour,
    x=salesByHour.index,
    y=' 总价',
    title=' <b>每小时销售总额<b>' ,
    color_discrete_sequence=[' #0083B8' ] *  len(salesByHour),
    template=' plotly_white'
)
figHourlySales.update_layout(
    xaxis=(dict(tickmode=' linear' )),
    plot_bgcolor=' rgba(0,0,0,0)' ,
    yaxis=(dict(showgrid=False))
)
leftColumn, rightColumn  =st.columns(2)
leftColumn.plotly_chart(figHourlySales, use_container_width=True)
rightColumn.plotly_chart(figProductSales, use_container_width=True)
```

运行结果如图 10-16 所示。

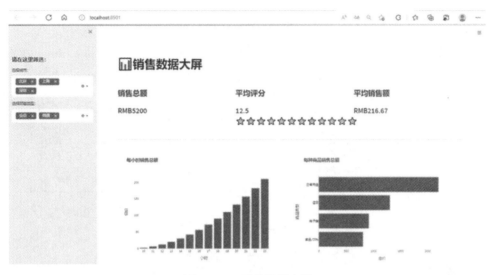

图 10-16　销售数据大屏

10. 10　复习题

1. 根据表 10-12 中的温度变化数据绘制折线图,绘制要求如下:

(1)绘制最高温度和最低温度变化折线图。为了便于对比分析温度变化趋势,需要绘制到同一个坐标系中。

(2)最高温度数据点使用红色正三角形标记,线型使用虚线。

(3)最低温度数据点使用蓝色倒三角形标记,线型使用实线。

(4)坐标轴须显示日期和温度。

(5)创建折线图图例信息。

表 10-12　温度变化数据

日期	5.1	5.2	5.3	5.4	5.5	5.6	5.7	5.7
最高温度/℃	19	24	26	26	23	28	29	24
最低温度/℃	9	10	12	16	17	19	16	16
日期	5.8	5.9	5.10	5.11	5.12	5.13	5.14	5.15
最高温度/℃	23	26	24	18	19	20	18	17
最低温度/℃	14	14	14	14	13	14	12	12

2. 根据表 10-13 中的选课人数绘制柱状图,绘制要求如下:

(1)每一棵柱颜色不同;

(2)绘制竖直方向上的柱状图;

(3)柱的边框线型为虚线。

表 10-13　学生选课人数统计

课程名称	数据仓库与挖掘	网页设计与制作	大学英语
选课人数	57	53	80
课程名称	大数据金融	互联网金融	线性代数
选课人数	162	158	147

3. 根据表 10-13 学生选课人数绘制饼图,绘制要求如下:

(1)每一个扇形颜色不同;

(2)显示每一个扇形图所占百分比比例;

(3)创建饼图图例信息。

4. 参照例 10.12 绘制倒锥形曲面(倒山峰形),该曲面函数表达式为:

$$z = x^2 + y^2$$

该倒锥形曲面如图 10-17 所示,绘制要求如下:

(1)透明度设置为 0.9。

(2)曲面着色为彩虹色。

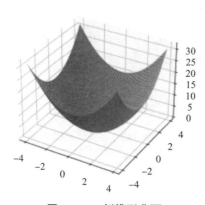

图 10-17　倒锥形曲面

5. 表 10-14 为某班部分学生成绩,根据表中数据绘制三维柱状图,绘制要求如下:

(1)将数学、英语和计算机成绩绘制为三维并列柱状图。

(2)柱的方向是垂直方向。

表 10-14　学生成绩

学号	性别	数学	英语	计算机
001	男	85	81	76
002	女	88	49	66
003	男	75	69	86
004	男	96	78	81

参考文献

［1］杨年华. Python 程序设计教程［M］. 北京：清华大学出版社，2019.

［2］江红，余青松. Python 程序设计与算法基础教程［M］. 北京：清华大学出版社，2019.

［3］孟兵，李杰臣. 零基础学 Python 爬虫、数据分析与可视化从入门到精通［M］. 北京：机械工业出版社，2020.

［4］董付国. Python 程序设计基础［M］. 北京：清华大学出版社，2015.

［5］董付国，应根球. Python 编程基础与案例集锦［M］. 北京：电子工业出版社，2019.

［6］董付国. Python 数据分析、挖掘与可视化（慕课版）［M］. 北京：人民邮电出版社，2021.